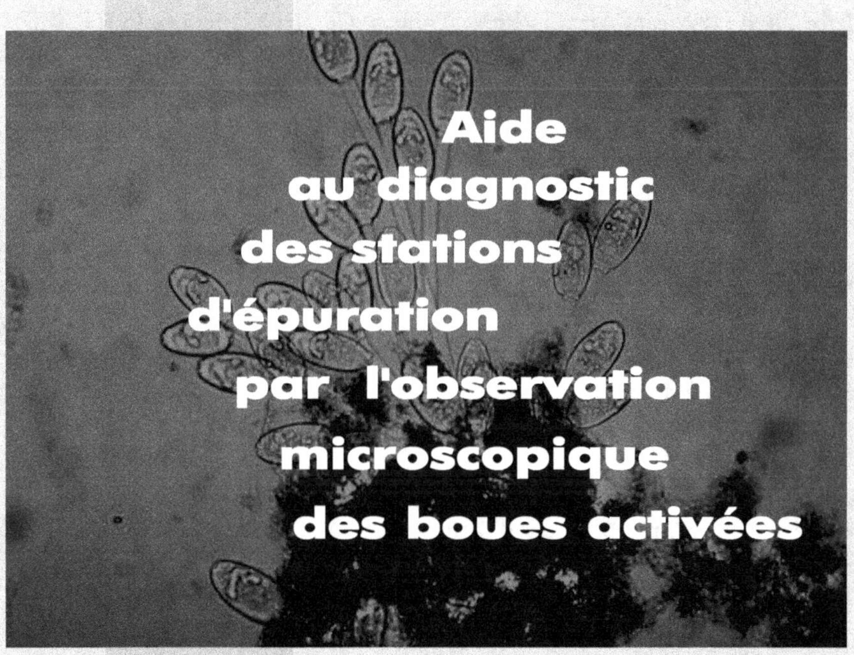

Jean-Pierre CANLER

Jean-Marc PERRET

Philippe DUCHÈNE

Éric COTTEUX

Ce document est issu d'une étude réalisée grâce au concours financier du Fonds national pour le développement des adductions d'eau (FNDAE) du Ministère de l'Agriculture, de la pêche et de l'alimentation (Direction de l'Espace rural et de la forêt).

Les auteurs suivants ont collaboré à la rédaction de cet ouvrage :

Jean-Pierre CANLER[1], Jean-Marc PERRET[1], Philippe DUCHÈNE[2] et Eric COTTEUX[2].

Illustrations de : Jean-Marc PERRET, Éric COTTEUX et Jacky VEDRENNE[3] et avec nos remerciements pour les emprunts autorisés par M. CURDS[4]

La base du travail est issue d'une accumulation de connaissances acquises par les membres de l'équipe "Épuration" du Cemagref :

MM. DRAKIDES[5], PUJOL[6], DUCHÈNE, CANLER, PERRET, COTTEUX ainsi que MM. STRADIOT et EMPEREUR, stagiaires au Cemagref.

(1) Cemagref, Groupement de Lyon, Division Qualité des Eaux, CP 220, 3bis, Quai Chauveau, 69336 Lyon Cedex 09, France

(2) Cemagref, Groupement d'Antony, Division Qualité des Eaux, Parc de Tourvoie, BP 121, 92185 Paris Cedex, France

(3) Cemagref, Groupement de Bordeaux, Division Qualité des Eaux, 50, Avenue de Verdun, 33611 Bordeaux Cedex, France

(4) Natural History Museum, London, England

(5) Université de Montpellier II, 99, Avenue d'Occitanie, 34096 Montpellier Cedex 5, France

(6) Centre de Recherche, Lyonnaise des Eaux-Dumez, Degremont, 38, Rue du Président Wilson, 78230 Le Pecq, France

Avertissement

L'observation microscopique des boues activées est un outil qui possède de nombreux avantages.

Il est le seul moyen pratique et rapide de diagnostic disponible auprès des intervenants en stations d'épuration. L'exemple type est l'identification d'arrivées de toxiques. Les protozoaires sont touchés avant que le métabolisme bactérien soit affecté, à l'exception des inhibiteurs spécifiques de la nitrification. Un autre exemple est la détection de sous-aération malgré les indications normales affichées par l'oxymètre.

Il met en évidence des difficultés particulières (septicité des effluents, dépôts notables en aération,…).

Il complète les diagnostics établis sur d'autres critères : visuels, olfactifs, analytiques… Par exemple, l'observation d'une boue noire peut se rencontrer sur des installations suffisamment aérées (effluents de tannerie).

Il nécessite un apprentissage personnel que le présent ouvrage vise à aider, mais qui entraîne un investissement en temps que la pratique démontrera utile pour approfondir réellement le fonctionnement des stations d'épuration à boues activées.

Il constitue un outil précieux vis-à-vis de la qualité et de la continuité du traitement lorsque seul est en jeu un couple aération-décantation. Lorsque le process se complique, l'interprétation devient délicate et a ses limites, en particulier lors du passage par des bassins d'anoxie, d'anaérobiose ou des périodes d'anoxie volontairement « longues » (traitement de l'azote) qui rend impossible la vie de la plupart des micro-organismes indicateurs de très bonne qualité de l'eau interstitielle (oxygénation importante, concentration en NH_4^+ très faible).

Une bonne utilisation de cet ouvrage nécessite de relire de temps à autre les généralités plutôt que de n'utiliser que la partie reconnaissance de divers protozoaires afin d'effectuer leur identification.

5

Sommaire

Clés de détermination

Fiches descriptives et interprétations

Annexes

Introduction

Les performances et la fiabilité des stations d'épuration biologiques dépendent d'un certain nombre de paramètres comme leur conception et la qualité de leur exploitation, ils retentissent *in fine* sur l'activité des peuplements composant l'édifice biologique et réalisant la dégradation des charges polluantes.

La qualité des effluents, le domaine de charge de l'installation, l'apport de substances particulières vont également influencer très fortement la biologie du système.

L'exploitant dispose d'un certain nombre d'outils, en particulier analytiques, pour évaluer les performances de l'installation. L'analyse écologique de la biomasse présente dans le bassin d'aération vient les compléter en permettant de rendre compte rapidement de l'état de la microfaune qui intègre dans le temps toutes les caractéristiques de fonctionnement de l'installation. Elle peut, par ailleurs, donner des indices de modifications avant même que les paramètres analytiques n'évoluent.

L'objectif de ce document est de mettre à la disposition des exploitants un outil de diagnostic rapide du fonctionnement des traitements par boues activées à partir de l'observation de la microfaune et de l'état des flocs, afin de détecter rapidement d'éventuelles anomalies et de faciliter ainsi l'exploitation.

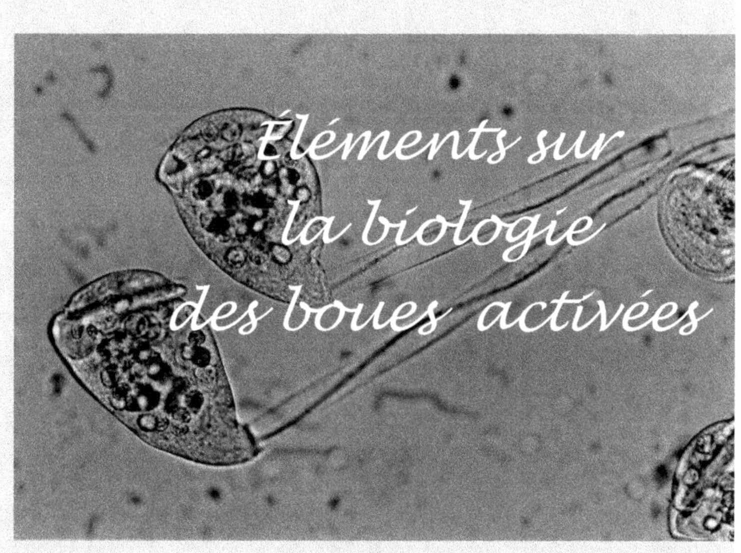
Éléments sur
la biologie
des boues activées

Principe du traitement biologique

L'épuration biologique des eaux résiduaires par le procédé des boues activées repose sur l'activité d'une culture bactérienne aérobie, maintenue en suspension dans un ouvrage spécifique alimenté par l'effluent à traiter et appelé bassin d'aération.

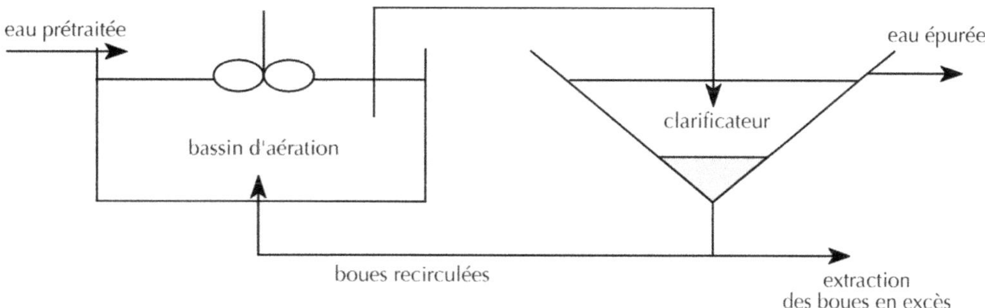

Cette culture bactérienne se développe à partir des matières organiques biodégradables apportées par les eaux usées qu'elle transforme en corps bactériens. Le rendement de cette opération de transformation de la charge polluante organique est d'environ 50 % puisque les boues produites ne représentent plus que la moitié de la DBO_5 entrante, le reste ayant été transformé principalement en CO_2 et en H_2O. Lorsque les conditions en substrat deviennent limitantes, cette culture peut s'auto-oxyder, entraînant une diminution de la quantité de biomasse présente et une minéralisation de celle-ci.

La séparation de la boue avec l'eau interstitielle traitée est réalisée dans un ouvrage placé à l'aval appelé clarificateur. Afin de permettre cette opération dans des conditions réalistes et simplifiées, la croissance bactérienne devra être de type floculé.

Les performances d'une installation sont dépendantes d'un certain nombre de points que l'on peut schématiser comme ci-dessous.

Paramètres fondamentaux

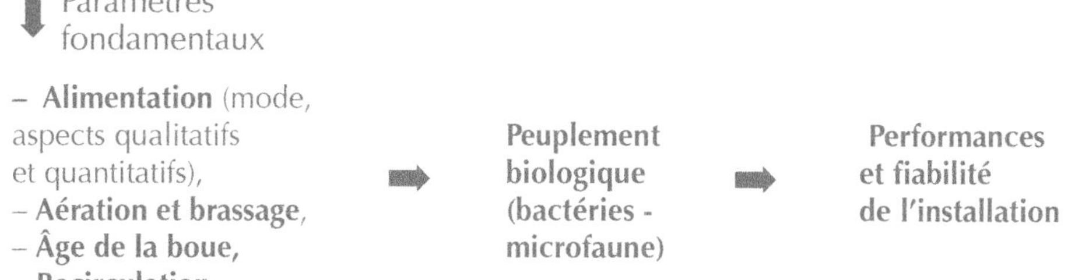

La présence d'une culture bactérienne dans le bassin d'aération entraîne le développement d'une microfaune composée principalement d'organismes prédateurs et représentée par les protozoaires et les métazoaires. L'ensemble de ces micro-organismes compose ainsi l'édifice biologique de la station d'épuration.

La microfaune, spécifique au fonctionnement de l'installation, varie ainsi entre chaque site. La sélectivité des conditions du milieu limite fortement le nombre d'espèces bien représentées, ce qui simplifie l'exploitation des résultats des observations microscopiques.

PRÉSENTATION DE L'ÉDIFICE BIOLOGIQUE

La suspension prélevée dans le bassin d'aération est un liquide composé de 99 % d'eau. Elle est de couleur marron plus ou moins foncé, cette couleur variant en fonction du type d'effluent à traiter et du degré d'aération de la suspension.

Elle est composée en partie de divers éléments apportés par l'effluent et développés dans le système : micro-organismes vivants ou morts, débris végétaux et/ou minéraux, colloïdes… et d'un peuplement biologique d'espèces de petites tailles (quelques µm au mm) spécifique au site.

À titre d'exemple, le dénombrement d'une population prélevée sur une station boue activée dans le domaine de l'aération prolongée et au fonctionnement stable donne les valeurs typiques suivantes :

individus / l de boue

1 à 5.10^5/l — **MÉTAZOAIRES**
Rotifères – Nématodes

10^7/l — **PROTOZOAIRES**
Flagellés – Sarcodines – Ciliés

10^{12}/l — **BACTÉRIES**
floculées – filamenteuses – disper-sées

La pression sélective du milieu « boue activée » sur les espèces s'y développant est très forte et illustrée par le tableau suivant indiquant le nombre d'individus recensés :

	Milieu naturel	Ensemble des boues activées		Une station donnée	
Métazoaires	des milliers	une vingtaine		quelques individus de 1 ou 2 espèces	
Protozoaires	40 000	une centaine		12 espèces dont 3 à 4 dominantes	
Bactéries	plusieurs millions	50* souches ordinaires	20* souches filamenteuses	10* souches	quelques filamenteuses

* Ces valeurs tirées de la littérature sont probablement très sous-estimées. Les espèces identifiées sont en effet celles qui se cultivent sur les milieux proposés et l'on sait que les techniques récentes révèlent des populations bactériennes bien plus nombreuses que les dénombrements classiques !

Les principales relations au sein du peuplement biologique sont complexes et basées sur des relations de prédation, de compétition voire de cannibalisme qui peuvent être illustrées de la façon suivante :

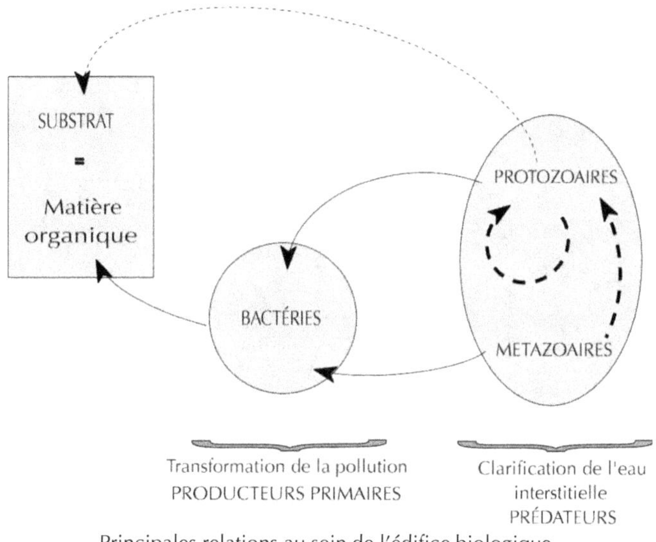

Principales relations au sein de l'édifice biologique
(→ sens prédateur - proie)

Avant d'aborder la détermination de cette faune, il convient de rappeler rapidement l'activité des deux grands groupes présents dans ce système : le maillon bactérien et la microfaune.

LE MAILLON BACTÉRIEN

Les bactéries sont des micro-organismes unicellulaires, de différentes formes (sphériques, cylindriques, incurvées…), dont la taille est de l'ordre de quelques microns (de 0,5 à 5 µm), à l'exception des bactéries filamenteuses de tailles souvent supérieures (de 10 à plus de 500 µm) et pouvant être pluricellulaires. La croissance bactérienne s'effectue en deux temps : une phase de croissance cytoplasmique suivie d'une phase de multiplication par division cellulaire.

Dans les boues activées, les bactéries présentes sont pour la plupart aérobies facultatives, gram négatifs *, mobiles et provenant essentiellement du sol ou des eaux. Les bactéries fécales et les bactéries pathogènes ne se développent pas dans ce milieu très sélectif.

Les bactéries jouent un rôle essentiel dans l'épuration biologique, par rapport aux autres organismes. Il est basé essentiellement sur la croissance floculée des bactéries. Ce type de croissance est obtenu dans des conditions bien précises du métabolisme bactérien.

De plus, elles sont caractérisées par :
– une grande surface d'échange avec le milieu extérieur,
– des vitesses de multiplication élevées (une division toutes les 20 minutes dans le cas de souches traitant la pollution carbonée). Les plus lentes (une division par jour) sont les bactéries autotrophes assurant la nitrification de l'azote ammoniacal,
– des richesses enzymatiques importantes,

* Les populations bactériennes gram + deviennent importantes sur certains substrats, par exemple les effluents de l'industrie laitière.

– et d'énormes possibilités d'adaptation aux différents paramètres physico-chimiques (pH, température,…).

Le métabolisme bactérien

Il peut être résumé de la façon suivante :

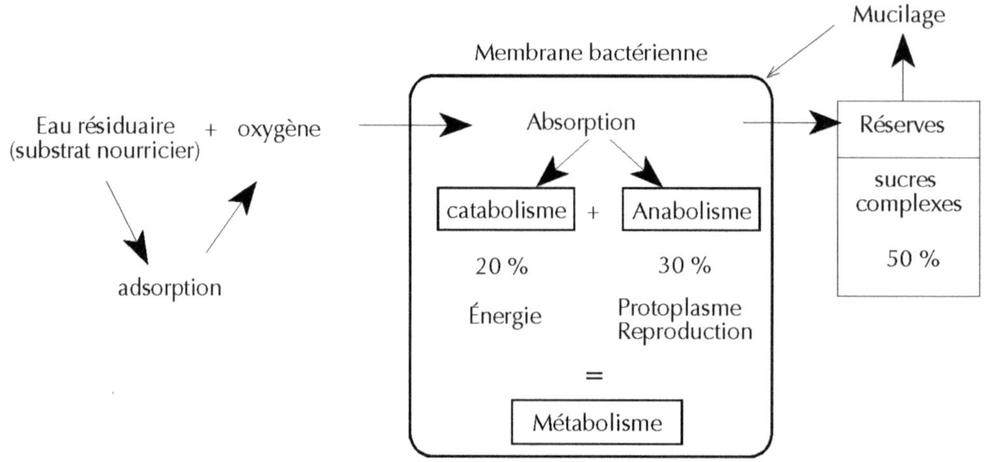

Schéma simplifié de l'utilisation de la pollution organique par les bactéries
dans les systèmes à boues activées.

Ainsi, dans des conditions bien précises (charge massique donnée), une partie de la pollution à traiter, de l'ordre de 50 %, est utilisée pour le métabolisme bactérien (synthèse cellulaire), l'excédent étant stocké sous forme de sucres complexes (par exemple, les exopolymères : polysaccharides aminés ou phosphatés au niveau de la paroi bactérienne facilitant ainsi la cohésion des bactéries entre elles).

Selon la complexité des molécules présentes dans l'effluent à traiter, l'absorption est plus ou moins rapide, allant de quelques minutes (biosorption) pour des composés facilement assimilables tels que les glucides, à plusieurs heures pour les fractions protéiques ou autres composés complexes.

Ce métabolisme bactérien aura une incidence sur le type de croissance et par conséquence sur la qualité du traitement.

Type de croissance

La population bactérienne possède trois types différents de croissance. Dans une boue activée, ces trois formes cohabitent mais la croissance floculée doit dominer pour faciliter la séparation floc bactérien – eau traitée au niveau du clarificateur et garantir une bonne qualité de l'eau rejetée.

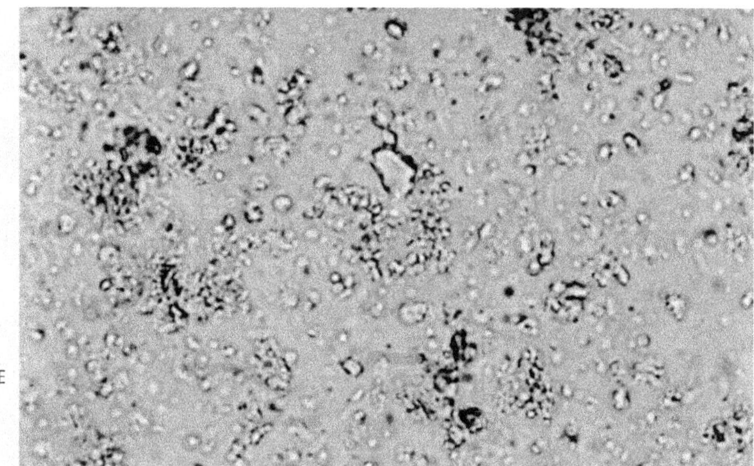

CROISSANCE
DISPERSÉE
X 1000

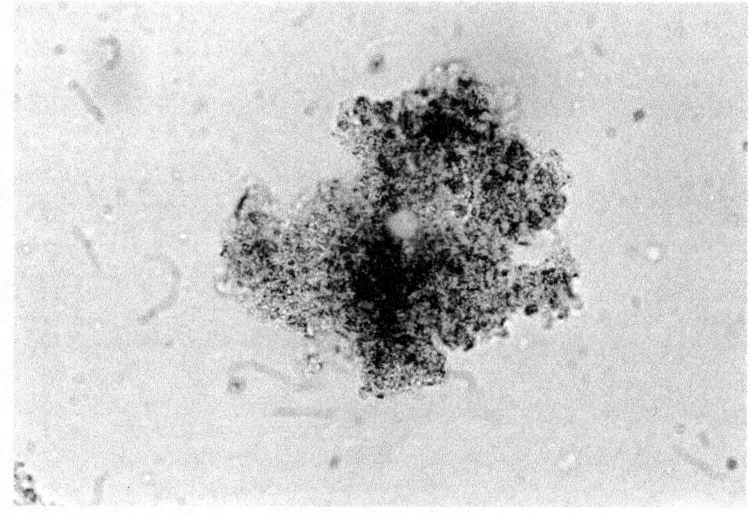

CROISSANCE
FLOCULÉE
X 400

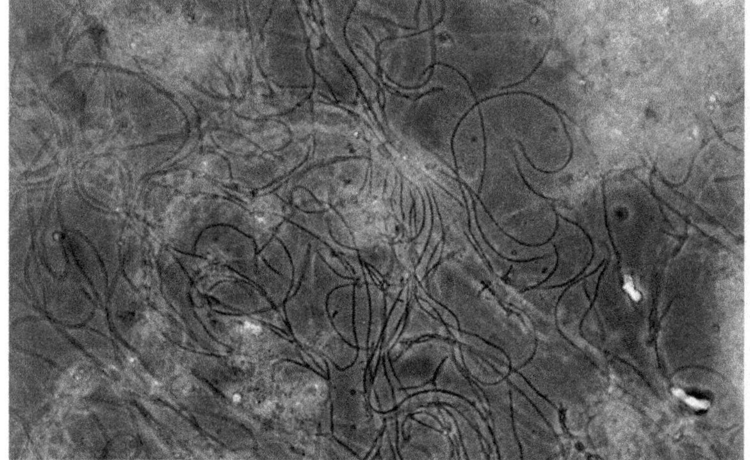

CROISSANCE
FILAMENTEUSE
X 100

CROISSANCE DISPERSÉE	CROISSANCE FLOCULÉE	CROISSANCE FILAMENTEUSE
Principales conséquences		
Décantation faible ou absente. Épuration limitée	Cas normal $50 \leq$ IB. ≤ 150 ml/g de MES	Difficultés de décantation (indice de boue élevé, supérieur à 200 ml/g de MES)
Mécanismes		
Croissance exponentielle de la population bactérienne	Croissance ralentie Formation de floc (agglomération de bacté-ries)	Croissance particulière[*] Division cellulaire dans une direction privilégiée ou autres mécanismes complexes.
Commentaires		
Celle-ci est obtenue lorsque la concentration en nourri-ture est excédentaire ou, inversement, infime, ou encore lorsque les proto-zoaires ne peuvent pas se développer (T° > 40°C par exemple...)	Cette croissance est obtenue lorsque la teneur en substrat disponible pour la biomasse est moyenne, entraînant la formation du mucilage qui permet l'adhésion des bac-téries entre elles. Ce mucilage a deux fonctions : – un rôle de cimentation (mécanismes biochimiques) – un rôle de neutralisation des charges électriques superficielles (mécanismes physiques)	Ce développement filamen-teux entraîne un foisonnement ou un moussage biologique stable et a plusieurs origines que nous n'aborderons pas dans ce document (*Cf.* doc. tech. FNDAE N° 8 et un hors série – octobre 1993)

En dehors du rôle des protozoaires sur lequel nous reviendrons, d'autres facteurs partici-pent aussi à la floculation comme les excrétions de la microfaune, les réserves lipidiques sécrétées et libérées à la mort des cellules, et/ou la recirculation des boues floculées dans le bassin d'aération.

MICROFAUNE

Cette population intéresse en premier lieu l'observateur par la rapidité de l'analyse microsco-pique (la taille des individus les rend facilement observables). De plus, par leur observation et identification, ils peuvent nous donner des indications sur la qualité de traitement et révéler d'éventuelles anomalies de fonctionnement.

---

[*] Correspondant très souvent à des carences en substrat nécessaire et parfois à des excès de substrats particuliers (soufre réduit, niches favorables aux bactéries hydrophobes, etc.).

Nature

La microfaune est composée d'animaux microscopiques de populations importantes puisque l'on dénombre des populations de l'ordre de 10^7 individus par litre de liqueur aérée, essentiellement représentés par :
– des **protozoaires** qui peuvent composer jusqu'à 5 % du poids sec des matières en suspension, de taille moyenne comprise entre 5 à 300 µm et de formes très variables,
– des **métazoaires**, animaux multicellulaires de taille pouvant être supérieure au millimètre.
L'ensemble de ces individus a des temps de génération très différents. Ce facteur intervient dans la sélection des populations par l'intermédiaire de l'âge de boue du système.
En effet, l'âge de boue, donc celui de la culture, est très différent selon le domaine de charge de l'installation. Les ordres de grandeur sont les suivants :

Type de boue activée	Charge massique (kg DBO_5 / kg MVS.j)	Âge de boue
très forte charge	(Cm > 1)	quelques heures
forte charge	(Cm $\simeq$ 1)	quelques heures au jour
moyenne charge	(Cm < 0,5)	quelques jours
faible charge	(Cm < 0,2)	supérieur à 10 jours
aération prolongée	(Cm < 0,1)	supérieur à 20 jours

Activité

La très grande majorité des populations est bactériophage mais certaines peuvent participer à l'assimilation directe de la matière organique (cas de quelques flagellés), ou être prédateurs d'autres protozoaires.
Dans la plupart des cas, les bactéries à ingérer doivent être facilement disponibles donc présentes dans le milieu interstitiel ou à la surface du floc, bien que certains protozoaires ou métazoaires puissent se nourrir des bactéries situées à l'intérieur de celui-ci (holotriches fouisseurs tel que *Trachellophyllum P.*, rotifères brouteurs tel que *Philodina*).
Les principales activités de la microfaune biologique peuvent se résumer en deux points :
– ils participent à l'affinage du processus de traitement des eaux par une ingestion très importante de bactéries libres de l'eau interstitielle (on estime en moyenne qu'un protozoaire peut ingérer la moitié de son poids en bactéries par heure).
– secondairement, ils produisent une grande quantité de mucus. Ces excrétions contribuent en partie à la floculation, phase indispensable pour un bon fonctionnement du processus épuratoire.

Classification

Un tableau global présentant la classification des espèces est détaillé aux fiches 59 et 60 du présent document.

Embranchement des protozoaires

Leur classification est basée sur leur mode de locomotion. C'est à dire selon :
– la présence de flagelles pour les flagellés (mastigophorea),
– la présence de pseudopodes pour les sarcodines,
– la présence de cils pour les ciliés.

LES FLAGELLÉS

Leur identification est difficile compte tenu de leur taille souvent inférieure à 20 µm (à l'exception des flagellés coloniaux et de quelques grandes espèces dont les Euglénidés).
Les principaux flagellés sont donc souvent identifiés à partir de leur forme, de leur taille, et à leur mode de déplacement.
On distingue deux sous-classes :
- les *phytomastigophoréa* : ce sont des individus autotrophes, capables d'utiliser la fonction chlorophyllienne, avec la possibilité pour certaines espèces de perdre cette fonction et de devenir dans des milieux non transparents (plus pollués) des individus hétérotrophes.
- les *zoomastigophoréa* : espèces hétérotrophes strictes.

LES SARCODINES

Leur répartition en plusieurs groupes dans la classification repose sur la forme des pseudopodes.
Ils sont représentés par deux classes :
- les *actinopodes* : leurs pseudopodes sont en forme de fils, ils sont très peu présents en station d'épuration.
- les *rhizopodes* : ils sont essentiellement représentés par des amibes libres ou logées à l'intérieur d'une coque appelée «thèque» (thécamébiens).

LES CILIÉS

Ils correspondent à la classe dominante lors des observations au microscope (70 % des populations) pour des installations fonctionnant correctement dans le domaine de l'aération prolongée.
La ciliature a un double rôle, elle sert à acheminer la nourriture vers la région buccale et représente aussi pour certains le moyen de locomotion.
On distingue quatre sous-classes :
– **holotriches** : la ciliature est répartie de façon uniforme à la surface du corps. Ces individus sont mobiles et se déplacent dans le liquide interstitiel.
– **péritriches** : ils possèdent une ciliature uniquement au niveau de la cavité buccale et un pédoncule qui leur permet de se fixer au floc bactérien.
– **spirotriches**, avec 2 ordres :
  * Hétérotriches : la ciliature est relativement régulière et ils possèdent une zone munie de membranelles.
  * Hypotriches : la ciliature est clairsemée avec des groupes de cils plus épais que l'on appelle cirrhes. Ils se déplacent dans le liquide interstitiel et surtout sur la surface du floc bactérien. Ils sont capables d'ingérer les bactéries fixées à la surface du floc et sont de ce fait appelés des brouteurs.
– **suctoriens** : ces protozoaires possèdent une ciliature uniquement à l'état embryonnaire. Le plus grand nombre est fixé au floc par un pédoncule (à l'exception du genre *Sphaerophria*) et leur corps est muni de tentacules pour piquer et sucer d'autres protozoaires.

Embranchement des métazoaires

Ce sont des animaux multicellulaires avec des temps de génération beaucoup plus longs, nécessitant donc un âge de boue important. Ces métazoaires sont fréquemment rencontrés dans des stations à boues activées faible charge ou sur des cultures fixées.

Ils se nourrissent de bactéries libres ou fixées au floc. Ils contribuent aussi à l'amélioration de la floculation par l'excrétion de produits et sont de bons indicateurs de la qualité du traitement.

Dans une station d'épuration, et plus particulièrement sur des systèmes aux âges de boue très élevés[*], on peut recenser les différents groupes suivants :

* les *rotifères*, espèce la plus fréquente, en particulier sur les cultures libres,
* les *gastrotriches*,
* les *nématodes*,
* les *annélides*,
* les *tardigrades, et*
* les *acariens.*

Principales fonctions

Il convient de rappeler les principales fonctions de la microfaune afin de faciliter son interprétation.

Locomotion

Ils ont tous la possibilité, à un moment donné de leur vie, de se déplacer avec des vitesses très différentes selon les espèces :

– les plus lents, représentés par les amibes, ont une vitesse de l'ordre de 1 µm / seconde,
– les plus rapides sont représentés par les Holotriches et les formes nageuses de Péritriches, dites télotroches, avec une vitesse de quelques centaines de µm / seconde.

Respiration

En très grande majorité, les protozoaires ont des besoins en oxygène dissous à très faible concentration.

Certaines espèces possèdent des capacités d'adaptation à des conditions de milieu plus difficiles ou peuvent même être anaérobies strictes :

Epistylis plicatilis : péritriches en bouquet supportant des temps d'anoxie plus ou moins longs. Leur développement se substitue souvent dans ces conditions aux péritriches isolés (Vorticelles).

* Flagellés : *Bodo et Hyalophacus* sont des protozoaires dont le développement est favorisé par des carences d'oxygène. Les espèces appartenant aux *Diplomonadida* sont des protozoaires typiquement anaérobies.

Nutrition

La microfaune possède des formes de nutrition très diverses. Ils peuvent être autotrophes (quelques espèces) ou hétérotrophes. Certaines populations dites mixotrophes sont capables d'avoir plusieurs modes d'alimentation.

La très grande majorité des individus est hétérotrophe :

– type saprozoïque : c'est à dire ingestion de la matière organique essentiellement sous forme dissoute, c'est le cas de certains zooflagellés.
– type holozoïque : c'est à dire ingestion des bactéries.

---

[*] On les rencontre plus souvent en cultures fixées (lits bactériens) dans les zones les moins chargées.

Le mode dominant est de type hétérotrophe holozoïque. Il participe d'une façon très importante à la clarification des eaux interstitielles.

À titre d'exemple, l'holotriche *Tetrahymena pyriformis* filtre environ 50 fois par jour son volume et ingère en bactéries la moitié de son poids à l'heure, ce qui correspond à une ingestion de plus de 15 000 bactéries/jour.

Caractéristiques morphologiques

Dans certaines conditions de milieu, quelques protozoaires modifient leurs caractéristiques morphologiques.

Exemple des vorticelles

Deux types de modification existent :

– Elles peuvent se séparer de leur pédoncule lorsque le milieu devient défavorable (Vorticelles prenant la forme Télotroche) ou lié à une action mécanique (tête de Vorticelle) et retrouver leur forme initiale dès que le milieu redevient favorable.

– La longueur du pédoncule est un critère concernant la qualité des eaux interstitielles :

* des pédoncules courts sont caractéristiques de milieux chargés en bactéries libres, donc d'un degré d'épuration relativement faible,

* à l'opposé, des individus avec des pédoncules longs sont indicateurs de milieux bien épurés (la plupart du temps dans le domaine des faibles charges).

Ils ont aussi la possibilité de s'enkyster. Cet enkystement correspond à la formation par sécrétion de plusieurs parois externes au corps. Ce comportement représente une forme de résistance face à des conditions difficiles du milieu telles que la mise à sec, la chaleur, le froid, l'absence de nourriture et/ou la composition chimique du milieu.

Les kystes ainsi formés sont viables pendant plusieurs années. Dès que les conditions extérieures redeviennent favorables, le protozoaire retrouve très rapidement sa forme initiale.

La démarche de l'observation des boues

A vant d'aborder la description des populations de protozoaires présentes dans les boues activées et leurs interprétations, il convient de rappeler qu'un certain nombre d'enseignements préalables peuvent être apportés simplement par l'observation visuelle de la boue.

La démarche retenue telle qu'elle est détaillée dans ce chapitre peut être schématisée ainsi :

Prélèvement de la boue   *(Cf. Annexe 1)*

Observation macroscopique   Observation microscopique

Échantillon brut: couleur, odeur   Floc   Eau interstitielle   population
Après décantation:
– quantité de boue,
– présence de flottants,
– aspect du surnageant,
– aspect du floc .

Composée de la microfaune et des bactéries*

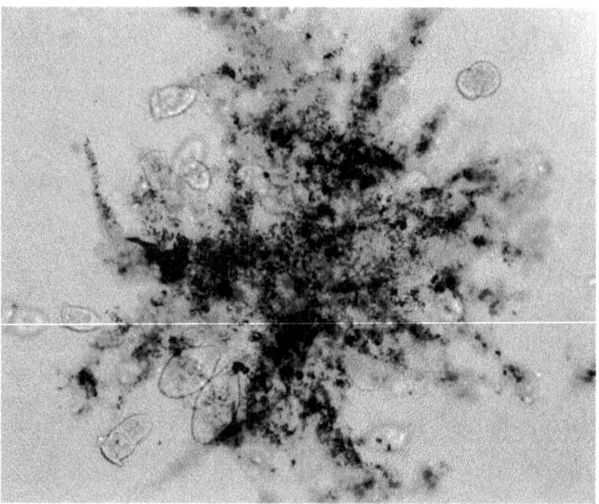

* L'identification des bactéries filamenteuses, extrêmement importante, n'est pas traitée ici [cf. FNDAE n° 8]

OBSERVATIONS MACROSCOPIQUES

Observations de l'échantillon brut

Couleur

Une boue prélevée sur une station bien aérée, de type boue activée en aération prolongée et traitant des effluents domestiques est de couleur marron à grise.

Les nuances de teinte apportent des enseignements :

– sur le degré d'aération de l'installation (accompagné d'une odeur 6 importante).

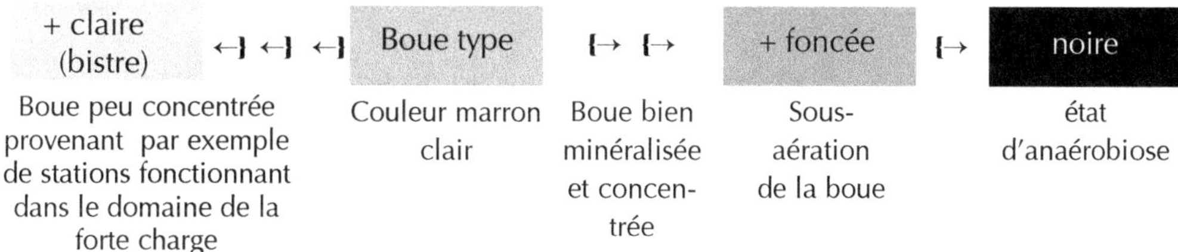

	+ claire (bistre)	Boue type		+ foncée	noire
	Boue peu concentrée provenant par exemple de stations fonctionnant dans le domaine de la forte charge	Couleur marron clair	Boue bien minéralisée et concentrée	Sous-aération de la boue	état d'anaérobiose

– sur le type d'effluent à traiter.

Une couleur très différente est souvent le signe d'arrivée d'effluents industriels, en particulier :

* Couleur rosâtre : effluent de laiterie ⊢→ la qualité de ces effluents entraîne le développement de certaines espèces microbiennes spécifiques (flavobacter) qui donne cette couleur à la boue.

* Couleur orangée : effluents de papeterie, de fabrication d'aliments pour animaux de compagnie.

* Couleur typée : effluent de teinturerie ⊢→ la couleur de la boue est liée à la coloration de départ de l'effluent brut à traiter.

          effluent de tannerie ⊢→ la couleur noire (sans sous aération) est liée à l'utilisation massive de sels de fer.

Odeur

L'odeur permet de confirmer les points évoqués ci-dessus.

* Etat d'aération : d'une manière générale, l'intensité de l'odeur est inversement corrélée avec le degré d'aération de la boue, avec en particulier :

– une légère odeur de terre (humus) → bonne aération, faible charge,

– une odeur d'égouts → manque d'oxygène,

– une odeur forte d'H_2S ou de méthane (oeuf pourri) → fermentation de la boue (anaérobiose).

*Type d'effluents à traiter : les effluents de porcherie, tannerie, fromagerie entraînent leurs odeurs caractéristiques au niveau de l'échantillon même si celui-ci est bien aéré.

Observations lors d'une décantation en éprouvette

La quantité de boue

Son interprétation s'effectue en première approche par le volume décanté de boue après une décantation de 30 minutes en éprouvette en verre d'un litre, à l'ombre et en l'absence de dilution et de vibration.

→ **Volume décanté inférieur à 100 ml**   ⇒ **Quantité de boue insuffisante dans l'installation.**
(à l'exception des installations en très forte charge)

Deux cas :
– le surnageant est relativement turbide,
Station en phase de démarrage ou de redémarrage, croissance exponentielle de la population bactérienne et floculation limitée de la boue.
– le surnageant est limpide accompagné d'un dépôt faible dont l'interface est nette.
La faible concentration de la boue peut être due à :
* une extraction trop importante,
* une panne de la recirculation entraînant des pertes de boues par engorgement du décanteur,
* une surcharge hydraulique de l'installation (capacité hydraulique du décanteur largement dépassée),
* un problème de conception du décanteur (immersion du clifford, calage de la lame déversante…),
* et/ou des pertes de boues dues à des problèmes d'exploitation : sous-aération entraînant des remontées de boues par anaérobiose (dégagement de méthane), sur-aération entraînant une dénitrification dans le clarificateur (dégagement de N_2).

→ **Volume compris entre 200 et 750 ml** ⇒ **Quantité de boue «satisfaisante»**
Le volume décanté dépend du domaine de charge de l'installation et de la concentration en boue dans l'ouvrage. Les ordres de grandeur normaux sont :
Volume décanté de   100 à 350 ml   Forte charge
                         350 à 500 ml   Moyenne charge
                          > 500 ml   Aération prolongée - Faible charge

→ **Volume supérieur à 750 ml** ⇒ **Difficultés de décantation**
liées à un développement de bactéries filamenteuses
⇒ **Concentration des boues trop importante**
liée à des difficultés d'extraction de boues

Dans les deux cas, des anomalies de fonctionnement peuvent apparaître très rapidement.

La présence de flottants

En fin de test de décantation, voire au delà de la demi-heure, les flottants observés peuvent avoir plusieurs origines :
– corps gras provenant d'une activité industrielle riche en graisses (industries agro-alimentaires) ou d'une inefficacité des prétraitements,
– remontées de boues liées :
* à des mousses biologiques – présence de bactéries filamenteuses au microscope,
* à de la dénitrification (aspect clair) – dégagement d'azote gazeux,
* à de l'anaérobiose (couleur foncée, remontées par gros paquets) – dégagement de méthane.
Ce problème est rarement observé lors des tests de décantation en raison des temps trop courts pour déclencher ce phénomène.
– corps grossiers dus à un dégrillage insuffisant ou d'un entretien limite.
Ces différents flottants sont généralement observables sur les ouvrages de l'installation.

La qualité du surnageant

D'une manière générale, un surnageant limpide est signe d'un bon traitement. À l'observation, ce surnageant peut-être chargé en bactéries libres, en MES (floc) et présenter ainsi différents aspects :
➢ *trouble,* par la présence de petits grains de floc (de l'ordre de 1 mm de diamètre) appelés aussi «fines».
Cette difficulté de floculation peut être due à une boue jeune liée à un domaine de charge élevé, un apport ponctuel important de pollution, un pH de l'effluent trop acide entraînant une défloculation momentanée de la boue.
➢ *laiteux,* cet aspect est lié à un surnageant très chargé en bactéries libres ou en matières organiques colloïdales. L'observation révèle une absence de grosses particules (floc).
Ce point peut avoir plusieurs origines :
– une épuration par les bactéries insuffisante, liée à un manque plus ou moins marqué d'oxygène,
– une surcharge organique entraînant la croissance exponentielle des bactéries et une floculation insuffisante,
– et plus rarement, une faible biodégradabilité de l'effluent.
➢ *coloré,* ce point est fonction :

– de la nature des effluents à traiter, ou

– d'une importante sous-charge de l'installation entraînant un développement d'algues dans les ouvrages (coloration verdâtre). Ce cas est rare et peut aussi arriver lorsque les temps d'arrêt de l'aération sont longs et accompagnés d'une très bonne décantabilité (améliorée par les réactifs de déphosphatation par exemple).

Le comportement des flocs lors de la décantation

Grains très petits et dispersés ou gros grains		Flocs 5 à 10 mm de diamètre		Floc duveteux, mal défini
	◄		►	
Interface nette Boue décantant plus lentement Boue peu chargée ou trop concentrée (grains importants) Épuration +/- satisfaisante		Interface eau / boue nette Phase de contraction bien définie Situation normale		Phase de contraction très limitée. Problème de foisonnement (développement de bactéries filamenteuses). Dysfonctionnement biologique

OBSERVATIONS MICROSCOPIQUES

L'observation au microscope des différentes composantes de la boue (liquide interstitiel, floc bactérien et microfaune) peut confirmer un certain nombre d'éléments évoqués précédemment lors de l'observation macroscopique et/ou apporter de nouveaux enseignements.

Liquide interstitiel

Il peut comprendre :
– des bactéries aux différents types de croissance,
– des particules non floculées.
Comme le surnageant lors du test de décantation, le liquide interstitiel représente dans la plupart des stations la qualité des eaux de sortie. Il convient donc d'évaluer la quantité de bactéries libres, bien visibles à partir d'un grossissement X 400 ou en contraste de phase, la présence plus ou moins importante de particules non floculées et de bactéries filamenteuses.

Bactéries

CROISSANCE LIBRE

L'eau interstitielle peut être plus ou moins chargée en bactéries libres. Leur proportion étant en étroite relation avec la charge massique de l'installation, plusieurs cas de figure sont possibles :

Flocs très petits	+ nombreuses bactéries libres	➢	très forte charge
Petits flocs	+ nombreuses bactéries libres	➢	moyenne à forte charge
Flocs importants et réfringents	+ nombreuses bactéries libres	➢	à-coup de charge, moyenne charge
Flocs importants	+ peu de bactéries libres	➢	faible charge à aération prolongée
Petits flocs minéraux		➢	sous charge de l'installation

Selon le domaine de charge et donc d'un âge de boue différent, la microfaune identifiée confirmera les relations précédentes.

La présence de *spirilles* dans des proportions importantes est un indicateur d'apport d'eaux fermentées ou de dépôts importants. Sur une station d'épuration, leur présence est souvent liée à des retours de surnageant d'épaississeur ou de silo à boue dont le temps de séjour dans l'ouvrage est très important et entraîne une septicité des eaux à traiter.

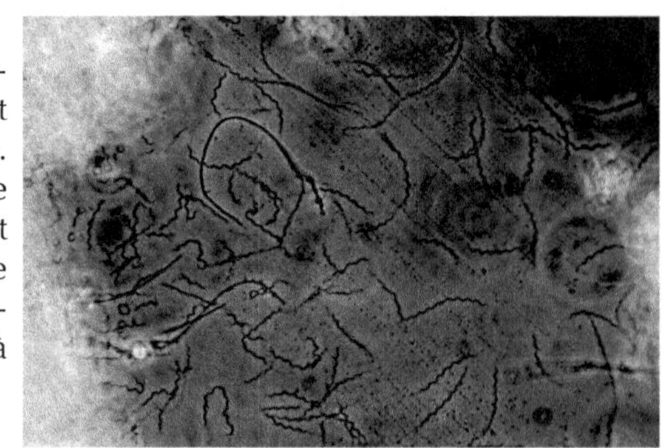

La station peut être confrontée à un dysfonctionnement biologique lié à un développement important de bactéries filamenteuses. Ce point est en étroite corrélation avec l'indice de boue. On parlera de *bulking* ou foisonnement si l'indice de boue est supérieur à 200 ml/g de MES[*].

À l'opposé des bactéries libres, la reconnaissance des bactéries filamenteuses dans le cadre d'une exploitation de station est importante, car un certain nombre d'enseignements peuvent être apportés sur l'origine du problème, les facteurs aggravants, et la solution à mettre en œuvre. De nombreux documents ont abordé dans le détail la démarche à suivre avec, en particulier, les critères morphologiques des filaments et l'interprétation de leur présence.

En dehors de l'identification, l'observation des bactéries filamenteuses doit permettre de vérifier leur évolution ou leur régression lors des techniques de lutte mises en place.

Particules non floculées

Le liquide interstitiel peut présenter des particules non floculées aux origines diverses :

Débris minéraux : essentiellement des grains de sable de quelques microns (5 à 50 µm), très réfringents et d'un aspect anguleux.

Leur présence en très grande quantité est liée à des industries agro-alimentaires (lavage de légumes), à des lessivages de sols (orages) ou à des travaux sur le réseau de collecte.

Débris organiques : ils peuvent avoir différentes formes et sont essentiellement constitués :
* de spirales et fibres ligneuses,
* de morceaux d'épiderme végétal aux cellules arrondies ou polygonales, ou
* de poils (par exemple soies de cochon pour les effluents d'abattoirs).

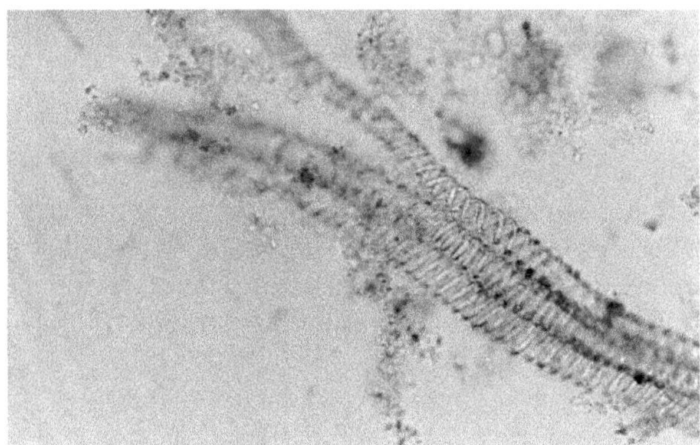

Dans des proportions importantes, les débris organiques sont liés aux industries agro-alimentaires (conserveries de légumes, papeteries…).

Spirales de lignine X 100

Corps inertes : ils sont souvent composés de protozoaires enkystés et leur nombre important est révélateur de conditions difficiles du milieu. Le délai entre le prélèvement et l'observation devra être le plus court possible, car certains protozoaires (*Prorodon* par exemple) peuvent changer de forme et leur identification devient alors impossible.

[*] "Norme" française : l'Europe du Nord parle de *bulking* dès que l'IB est supérieur à 150 ml/g de MES.

Autres êtres vivants microscopiques : champignons, levures, algues.

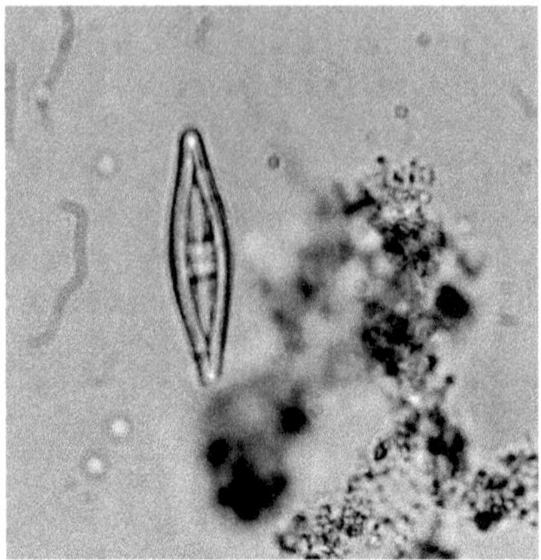

Algue diatomée

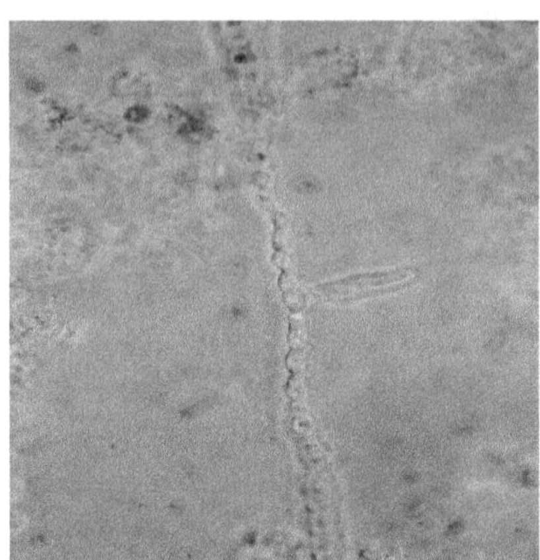

Champignons

Floc bactérien

Le grain de floc est l'élément de base d'un floc bactérien. Il correspond au type de croissance bactérienne recherché en traitement des eaux usées. C'est grâce à ce floc bactérien qu'une étape de décantation permet la séparation de la boue avec l'eau interstitielle traitée.

Ce type de croissance s'effectue dans des conditions relativement précises où le substrat nécessaire au maillon bactérien devient légèrement limitant. Dans ce contexte, une partie du substrat assimilé est transformée et stockée au niveau de la paroi bactérienne sous forme d'exopolymères composés de polysaccharides aminés ou phosphatés.

Ces exopolymères ont un double rôle dans le processus de floculation :

– par des mécanismes biochimiques très complexes, ce mucilage va permettre l'adhésion des bactéries entre elles : phénomène de cimentation ;

– par des mécanismes physiques, il permet également une neutralisation des charges électriques évitant ainsi les forces de répulsion entre bactéries.

D'autres phénomènes annexes peuvent faciliter la floculation, en particulier :

– les excrétions rejetées par les protozoaires et métazoaires,

– les substances lipidiques sécrétées et libérées lors de la lyse bactérienne (mort des cellules) et la recirculation de la boue qui sélectionne les bactéries floculées.

L'observation du floc est très importante, les différents éléments à observer sont :

– la quantité de floc ou grains,

– la taille des grains unitaires composant le floc ou des grains de floc eux-mêmes,

– le degré de cohérence des grains de floc entre eux,

– sa forme et sa couleur.

Quantité de floc ou grains

L'observation d'un échantillon brut peut donner une indication sur la quantité de matière en suspension dans le système. Cette concentration peut être appréciée à partir du pourcentage de floc occupant le champ visuel à condition que sa concentration ne soit pas modifiée au cours du prélèvement.

Au grossissement X 100, l'interprétation des surfaces occupées entre lame et lamelle est la suivante :

Pourcentage de floc	Interprétation
< 10 %	boue peu concentrée, (inférieure à 2 g/l). Cet état est dû, au domaine de charge (charge massique élevée, accompagnée de petits flocs), à une quantité de nourriture infime ou à des extractions de boues excessives précédant le prélèvement.
de 10 à 50 %	boue classique, de concentration comprise entre 3 et 6 g/l.
> 50 % :	boue trop concentrée pouvant avoir des conséquences sur le traitement, en particulier : – limitation des performances hydrauliques du décanteur, – sous aération de la boue liée à la limitation des capacités d'oxygénation ou à des difficultés de reprise en fond de bassin, – risque de carences nutritionnelles pouvant entraîner un dysfonctionnement biologique (bactéries filamenteuses).

Taille des grains de floc et leur degré de cohésion

Ce paramètre est en étroite relation avec les possibilités de décantation de la boue. La formation du floc est aidée par la production de mucilage. Ainsi, la taille des grains est un indicateur de la quantité et de la qualité de ce mucilage qui dépend de différents facteurs dont les principaux sont : le domaine de charge (âge de la boue), le taux de recirculation, la disponibilité en oxygène et en substrat.

LE DOMAINE DE CHARGE

Une charge très élevée entraîne des flocs très petits et dispersés, à petits grains (10 à 20 μm), avec une eau interstitielle chargée en bactéries libres (début de floculation). Les boues sont très organiques (de l'ordre de 80 % de MVS).
Dans le tableau ci-après sont résumées les caractéristiques variant selon l'âge de la culture :

Domaine de charge	forte charge	faible charge/ aération prolongée	aération prolongée sous-chargée ou non alimentée
Âge de la culture	jeune	⟶	élevé
Taille des grains de floc et ses caractéristiques	10 µm ↓ 20 µm ↓ floc petit et dispersé	50 µm ↓ floc moyen et relative- ment serré	100 µm 10-20 µm floc gros et lâche floc petit et dispersé
Eau interstitielle Bactéries libres Microfaune	abondantes essentiellement composée de flagellés	présentes abondante et variée	rares rare
Taux de MVS	élevé (80 %) boue très organique	⟶	faible (65-70 %) boue minérale
Couleur	claire	marron	marron foncé
Conséquence sur le traitement	perte de MES ou «fines»	bon traitement	possibilité de perte de MES

Principales relations entre la qualité de la boue et le domaine de charge d'une boue activée.

LE TAUX DE RECIRCULATION

Il participe à la cohésion des bactéries libres entre elles par l'intermédiaire de la recirculation de bactéries déjà floculées alors que les particules non floculées quittent le système.

LA DISPONIBILITÉ EN OXYGÈNE ET NOURRITURE

Ces éléments sont indispensables à la formation du mucilage. Dans le cas d'un grain de floc formé, l'absence d'oxygène va entraîner une couleur foncée. Cette absence d'oxygène va aboutir à une fragmentation du floc, liée à la vacuolisation de son centre par absence de diffusion de l'oxygène.

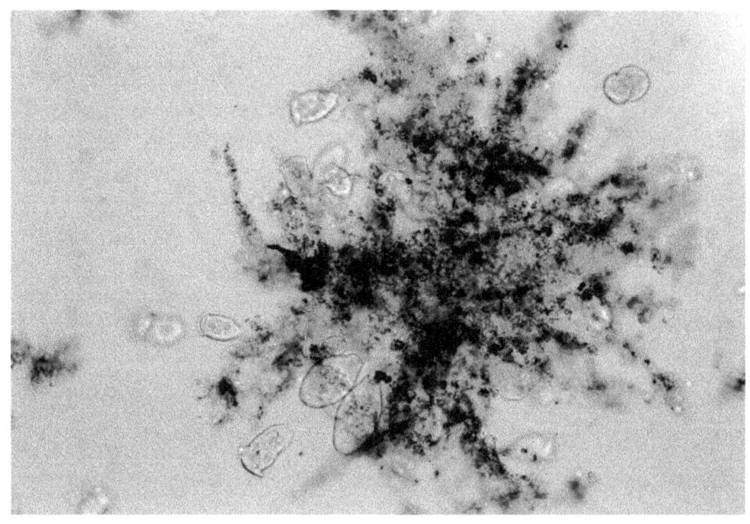

Floc aéré X 100

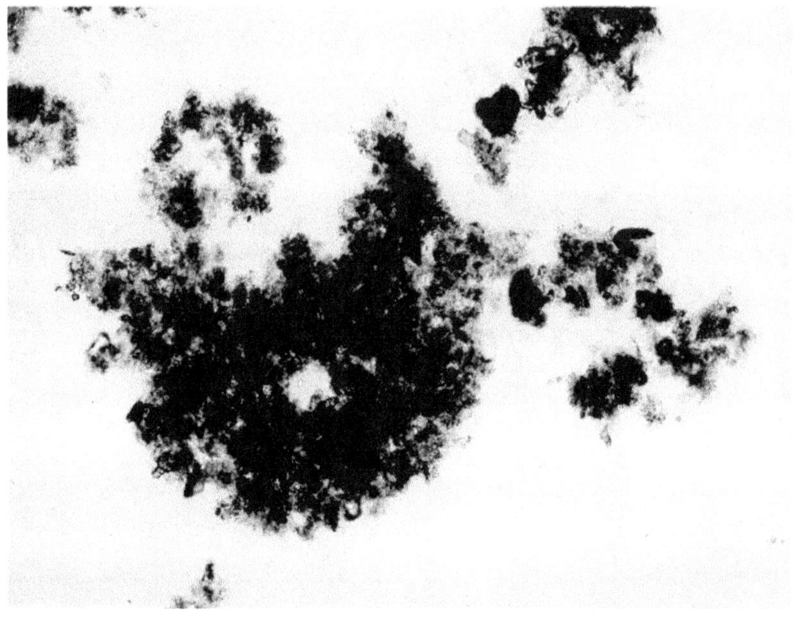

Floc sous aéré X 100

FORME	INTERPRÉTATION

En doigts de gant

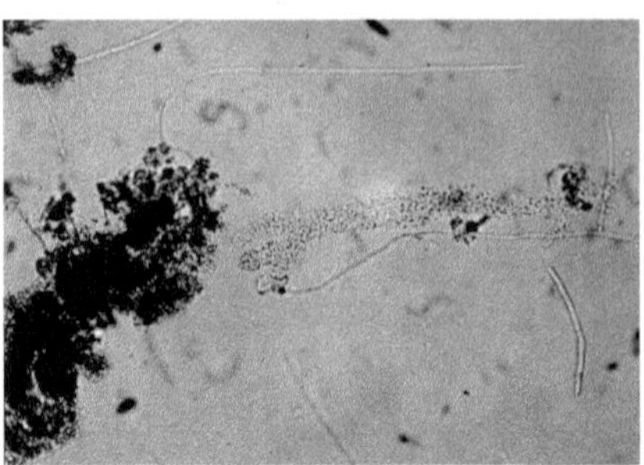

Les formes en doigts de gant, très fréquentes en cultures fixées (biofiltres, disques biologiques, lits bactériens), se rencontrent en boues activées à fortes charges (voire lors de surcharges passagères) ou sur des installations traitant des effluents riches en sucres facilement biodégradables.

En étoiles ou à branches (avec occasionnellement un squelette de bactéries filamenteuses)

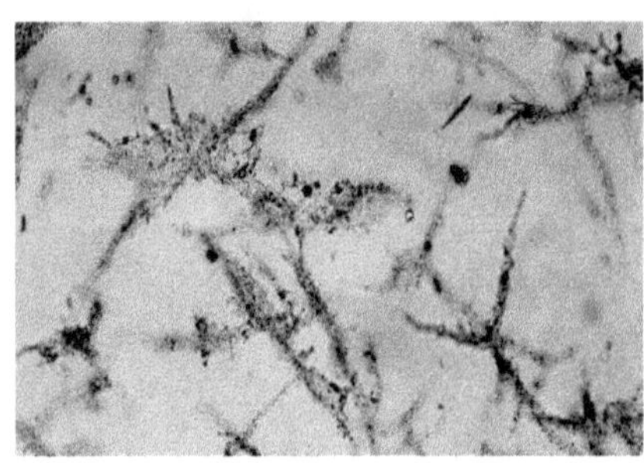

Caractéristiques de stations fonctionnant en forte charge par un manque de boue ou éventuellement aux taux de mélange et de recirculation très élevés.

Sphériques

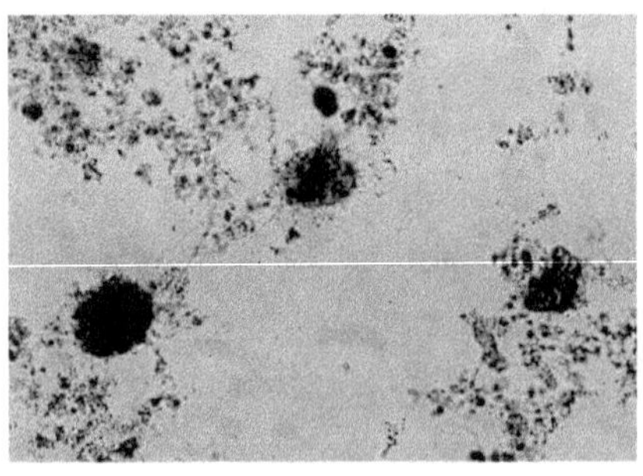

Observés pour des boues stabilisées de stations ayant un bon rendement d'épuration et bien aérées, pouvant fournir des effluents nitrifiés.

Microfaune

Les principales caractéristiques de développement de la microfaune et la présence dominante de certains groupes peuvent permettre de dégager certains enseignements. La classification des genres et espèces présents dans les boues activées est rappelée aux fiches 59 et 60.

Rappels sur le développement de la microfaune

Âge de la boue

L'âge de la culture, correspondant au ratio de la quantité totale de biomasse présente dans le bassin sur la quantité produite journalièrement, peut varier de moins d'un jour à plus d'un mois. Ce point est très important pour la sélection des espèces au taux de multiplication différent. Mais ce taux de croissance dépend également d'autres facteurs tels que la température, la nourriture disponible, l'aération …
D'une manière globale, on peut résumer l'évolution des populations des boues activées par le schéma suivant (d'après B. VEDRY) :

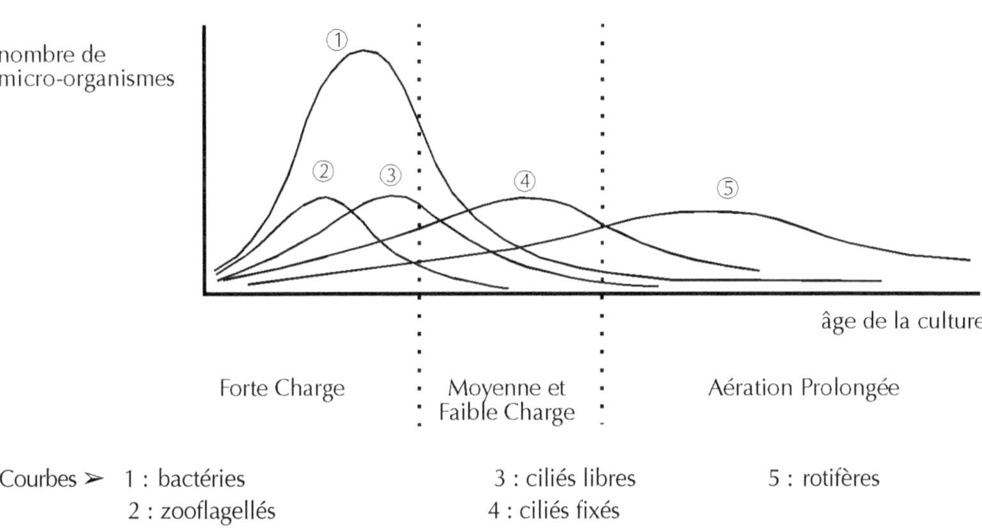

Courbes ➤ 1 : bactéries   3 : ciliés libres   5 : rotifères
        2 : zooflagellés   4 : ciliés fixés

Une population dominante de type :
➤ ciliés fixés et métazoaires   ➤ âge de boue élevé   ➤ aération prolongée
➤ bactéries et zooflagellés   ➤ population jeune   ➤ forte charge (ou redémarrage de station après toxique).

Densité de population et diversité des familles

La microfaune est très sensible aux conditions du milieu. Comme nous l'avons déjà évoqué, les facteurs de sélection sont nombreux. D'une manière générale, l'efficacité d'une installation est en étroite corrélation avec la densité de sa microfaune. Par exemple, une densité supérieure à 10^7 individus par litre (hors petits flagellés) est signe d'un bon traitement.
La diversité des populations est également importante. On peut rapprocher cette diversité du domaine de charge de l'installation.

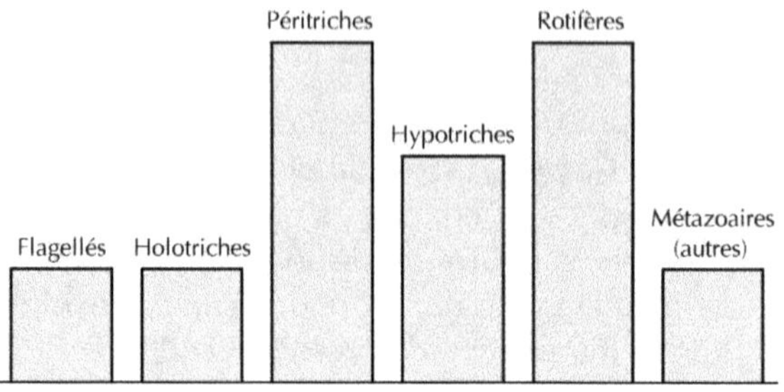

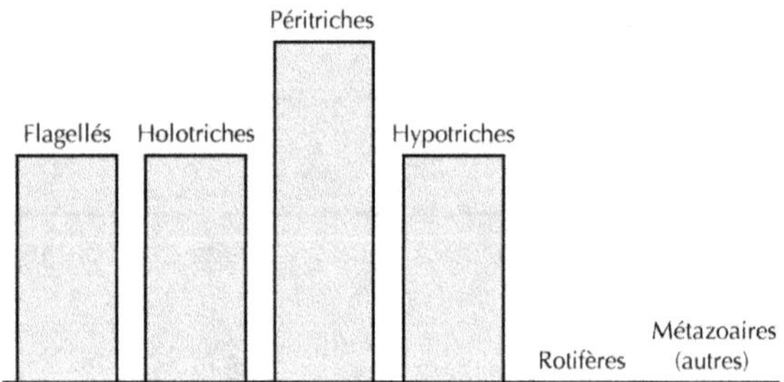

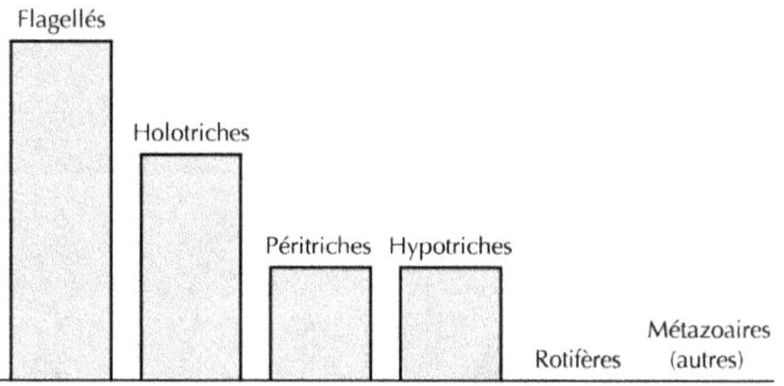

L'évolution des populations en fonction de l'âge de la boue est en étroite relation avec la taille des individus et leur mode de déplacement.

Présence de floc + péritriches, suctoriens et hypotriches ➤ bonne qualité de sortie

Absence de floc (ou petits flocs) + flagellés et holotriches ➤ qualité médiocre de l'eau de sortie

Embranchement des protozoaires

Sous-embranchements des *mastigophorea* (Flagellés)

Le développement des petits flagellés (< à 20 µm) s'effectue généralement pendant la première phase de colonisation de la boue activée par les protozoaires.
Leur présence correspond le plus souvent :
– à des boues jeunes (peu de flocs), entraînant des temps de séjour courts,
– à un à-coup de charge lors de la présence d'une bonne floculation (floc important),
– à un manque de fourniture d'oxygène.
Certains flagellés sont suffisamment résistants pour survivre à des conditions difficiles telles que la présence de temps d'anoxie ou d'anaérobiose longs, voire celle de toxiques. Leur population augmente lors de perturbations brusques du système (baisse de température, augmentation de la charge, ...). Lorsqu'ils sont dominants, les performances de l'installation sont faibles, signe d'une très forte charge et, pour certains individus, d'un milieu faiblement aéré, d'apport de produits fermentés, d'effluent septique ou de la présence de dépôts.
Des populations plus spécifiques donnent d'autres indications sur la nature de la boue activée, la qualité des effluents à traiter et l'eau de sortie.

Sous-embranchement des sarcodines

Ce sous-embranchement est divisé en deux classes :
– les actinopodes, indicateurs de faible charge, rarement observés et avec très peu d'espèces susceptibles d'être présentes en boue activée.
– les rhizopodes, assez bien représentés et dont la présence est plus souvent liée à la qualité des effluents plutôt qu'au domaine de charge ou au degré d'aération.
Dans la classe des rhizopodes, deux sous-classes très distinctes cohabitent : les amibes et les thécamébiens.

* Les amibes

Elles sont souvent observées pour un large champ de conditions, mais rarement vues en grand nombre dans des installations à faible charge et d'un âge de boue élevé. Leur présence dans cette situation est alors liée à une phase transitoire ou à un effluent particulier (effluents industriels, laveries,...). Les petites amibes ont une signification proche des petits flagellés. Les grandes amibes sont bien corrélées à un traitement de bonne qualité.

* Les thécamébiens

Leur présence est souvent liée à la stabilité du système dans le domaine de la très faible charge (âge de boue élevé donc boues minéralisées), entraînant une bonne qualité des eaux de sortie.
Une concentration très forte est le signe d'une qualité de traitement remarquable, accompagnée d'une nitrification stable mais pas nécessairement poussée. Leur dominance, plus particulièrement pour les petites espèces, peut aussi être indicateur d'effluents particuliers : industrie pharmaceutique – *Euglypha* ; industrie de conserverie de légumes – *Difflugia*) et peut s'accompagner d'une mauvaise qualité de traitement. Leur abondance est de plus liée à celle de carbonates – *Euglypha* – ou à des micro-grains de silice – *Difflugia*.

Sous-embranchement des ciliés

Les ciliés forment le groupe de protozoaires le plus représenté dans les boues activées. Ils y sont considérés comme étant les organismes les plus sensibles, leur population dépendant de la qualité de l'effluent rejeté et des caractéristiques de fonctionnement de l'installation. Ils participent à la purification de l'eau interstitielle d'où l'étroite relation entre leur densité et la qualité de l'eau de sortie.

L'équilibre entre les quatre sous-classes est variable suivant le domaine de charge des installations au fonctionnement stable. C'est au niveau de la faible et moyenne charge que l'on retrouve la plus grande quantité de ciliés dans des proportions équivalentes pour les holotriches, les péritriches et les hypotriches.

* Sous-classes des holotriches

En grande quantité, ils sont souvent des indicateurs de situations transitoires, marquées par des périodes d'instabilité du système d'où des performances limitées.

Les holotriches de petite taille (inférieur à 50 µm - ex : *Uronema* -) sont souvent le signe de temps de séjour hydraulique relativement court ou d'une boue peu aérée.

Les holotriches de grande taille (supérieur à 50 µm) sont rencontrés lors d'une surcharge, (ex : *Litonotus*, *Colpidium*) entraînant un fort développement de bactéries libres dont ils se nourrissent.

* Sous-classe des péritriches

Ils se développent pour tous les domaines de charge. Leur dominance est plus nette en faible charge ou à la suite d'un apport élevé de matières organiques sur des installations de type aération prolongée. Ce domaine de charge peut être modifié par des pertes de boues ou lors d'une extraction trop massive.

* Sous-classe des spirotriches avec deux ordres :

– Les hypotriches

Leur nombre important est généralement le signe d'une bonne épuration. Leur développement est inversement proportionnel à la charge à traiter.

Ces individus dits «brouteurs», apparaissent lorsque le floc est bien formé et se développent uniquement en période de stabilité. Certains peuvent être de bons indicateurs du traitement et sont généralement présents sur des installations nitrifiantes, aux faibles charges massiques (âge de boue élevé). Les grands hypotriches (> à 100 µm) sont liés le plus souvent à une bonne qualité de traitement.

– Les hétérotriches

Ils se rencontrent sur des installations en faible charge (âge de la boue élevé) et sont indicateurs d'eau interstitielle de qualité voire de très bonne qualité (présence de nitrates presque obligatoire).

* Sous-classe des suctoriens

Leur présence est assez rare et indique souvent une boue normale. D'une manière générale, leur développement est en étroite relation avec la qualité de l'eau rejetée mais on les retrouve également sur des installations allant de la moyenne charge à l'aération prolongée. Leur développement est relié à la densité en protozoaires du milieu.

Embranchement des métazoaires

Les métazoaires sont des êtres pluricellulaires plus complexes que les protozoaires avec un temps de multiplication plus élevé. Ils confirment des temps de séjour de la boue assez longs (rotifères par exemple) sans pour autant indiquer forcément de bons indices d'épuration, c'est à dire une faible DBO_5 de sortie de l'effluent ou un bon rendement. Les principaux métazoaires rencontrés en boue activée et classés par ordre de fréquence décroissante sont les suivants :

Sous-embranchement des rotifères

Ils représentent le plus grand groupe de métazoaires rencontrés dans les boues activées. Leur rôle dans la purification de l'eau ressemble à celui des ciliés et leur présence est généralement plus conditionnée par la qualité de l'effluent que par les paramètres de fonctionnement de l'installation à l'exception de l'âge de la culture nécessaire à sa multiplication. En effet, du fait de leur croissance, ils sont indicateurs d'un fonctionnement stable sur une période relativement longue. C'est généralement le type de nourriture disponible qui conditionne la prédominance d'une espèce vis-à-vis d'une autre.
Les rotifères ont une taille suffisante pour casser et fragmenter les flocs et produisent ainsi de nouvelles surfaces d'adsorption autour desquelles peuvent se fixer de nouvelles particules augmentant ainsi la floculation. Certains sont indicateurs d'une bonne oxygénation et d'une épuration poussée pouvant aller jusqu'à 95-99 % d'abattement de la charge polluante.

Sous-embranchement des nématodes

Les nématodes sont présents en faible quantité dans tous les types d'installations. Ils peuvent apparaître pour tous les degrés de charge (principalement les moyennes et faibles charges). En majeure partie, ils se nourrissent de bactéries, les autres étant prédateurs de rotifères ou d'autres nématodes. Assez résistants à la sous-aération du milieu, on les trouve dans les boues d'aération prolongée. Ils sont plus fréquents sur les cultures fixées et remanient remarquablement les flocs. Leur présence n'est pas nécessairement défavorable au processus épuratoire mais souvent indicatrice de dépôts significatifs dans l'installation.

Sous-embranchement des gastrotriches

Les gastrotriches sont rarement observés dans les boues activées et seulement pour de très faibles charges. Ils habitent usuellement les fonds vaseux et les détritus stabilisés des eaux naturelles.

Sous-embranchement des oligochètes

Le genre *Aelosoma* apparaît uniquement pour des boues d'âge élevé et de très faibles charges donc pour un niveau de rejet correct. C'est une faune rare, habitant les boues stabilisées avec présence de nitrates.

Sous-embranchements des tardigrades et des acariens

Les tardigrades et les acariens sont extrêmement rares dans les boues activées. Ils sont observés sur des installations de faible charge, avec âges de boue très élevés ($\gg$ 25-30 jours) en voie de stabilisation, avec une qualité des eaux rejetées très faible en DBO_5 et en $N\text{-}NH_4^+$ (nitrification très importante).

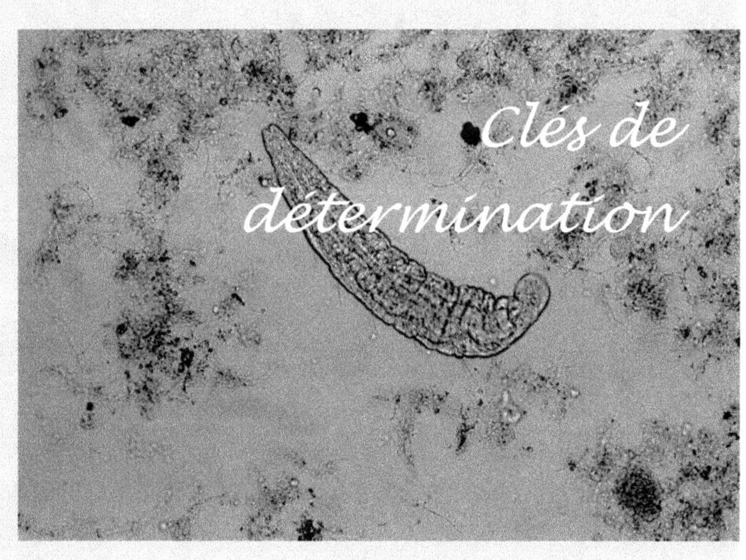
Clés de
détermination

Avertissement

La fiche descriptive détaillée de chaque espèce (individu)
– Fiches 1 à 57 – est accessible en classement :

– suivant les clés de détermination   clé A à clé J   → pages 41- 50
– par ordre alphabétique   Fiche 58   → pages 113 et 114
– par systématique simplifiée   Fiches 59 et 60 → pages 115 à 118

Clé A

Protozoaires

Flagellés –
présence de flagelle(s)

➤ clé B
p. 42

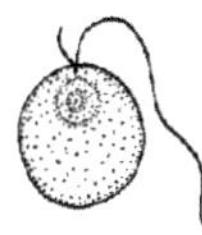

Sarcodines –
présence de pseudopodes
ou présence de thèque

➤ clé C
p. 43

  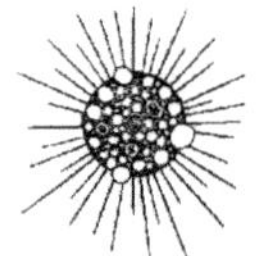

Ciliés – présence de cils
ciliature uniforme ou hétérogène
cils épais (ou cirrhes)
tentacules

➤ clé D
p. 44

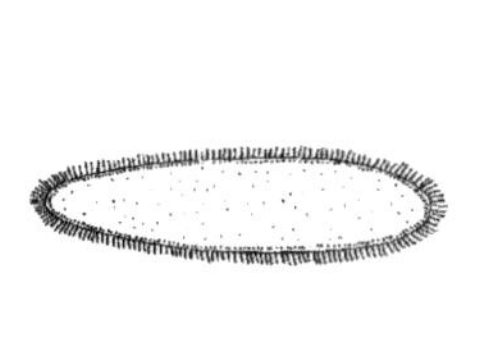  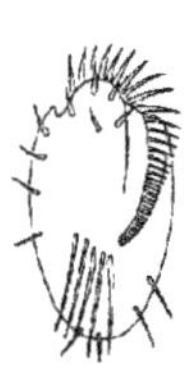 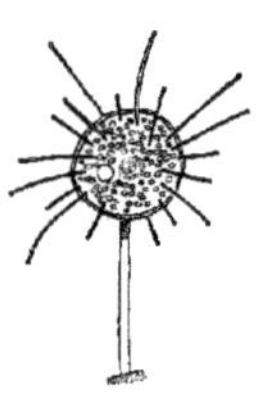

Métazoaires

➤ clé I
p. 49

CLÉ B

Beaucoup moins étudiés que les protozoaires ciliés, les flagellés sont parfois difficiles à déterminer et ont, pour certains, une signification peu évidente.
C'est pourquoi nous avons choisi de ne présenter que quelques flagellés sous forme de fiches et de donner, en annexe 6, des éléments plus complets pour permettre une identification plus poussée de ce groupe.

Vie solitaire

un seul flagelle	➤	Fiche 1 (grands > 20 µm)	p. 53
		Clé 62, annexe 6	p. 141
deux flagelles	➤	Fiche 2 (grands > 20 µm)	p. 54
		Fiches 3 à 5 (petits < 20 µm)	p. 55-57
		Clé 63, annexe 6	p. 142-143
plus de deux flagelles	➤	Fiche 6	p. 58
		Clé 64, annexe 6	p. 144

Vie en colonie

flagellés coloniaux	➤	Fiche 7	p. 59
		Clé 61, annexe 6	p. 140

CLÉ C

➤ **Pseudopodes trés fins (spicules)**

➤ **Actinopodes** Fiche 8 p. 60

30 - 300 µm

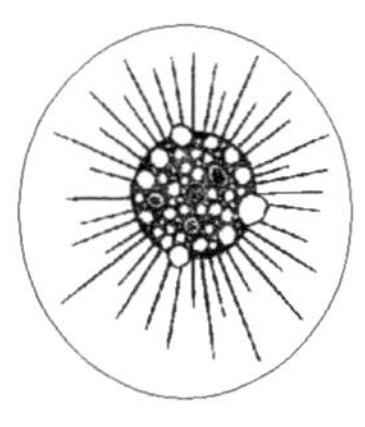

➤ **Pseudopode(s) visibles et/ou animal logé dans une thèque**

: **Rhizopodes**

➤ présence d'une thèque

➤ **Thécamébiens**

petits 10 - 50 µm Fiche 9 p.61

grands 50 - 250 µm Fiches 10 à 12 p. 62-64

➤ absence de thèque

➤ **Amébiens**

petits 10 - 30 µm Fiche 13 p. 65

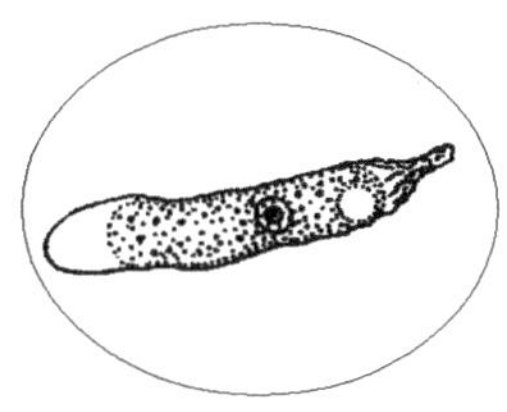

grands 40 - 250 µm Fiche 14 p. 66

Clé D

Ciliés — présence de cils

➤ ciliature uniforme
sur la surface du corps

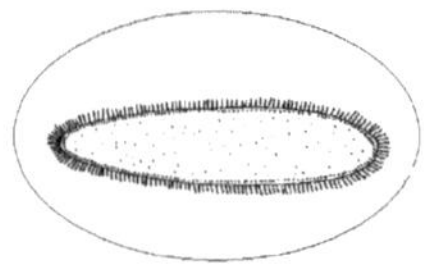

➤ **Holotriches** clé E
15 - 300 µm **p. 45**

➤ corps fixé par un pédoncule
présence d'une couronne de cils

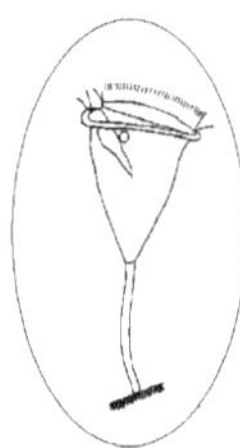

➤ **Péritriches** clé F
  p. 46

corps : 40 – 60 µm
pied : 50 – 200 µm

➤ ciliature hétérogène,
et présence de cirrhes

: **Spirotriches**

– ciliature régulière,
silhouette caractéristique,
de grande taille

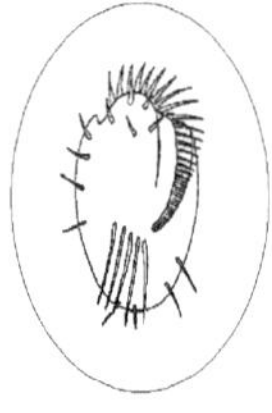

➤ **Hétérotriches** clé G
100 - 2000 µm **p. 47**

– ciliature clairsemée,
corps aplati dorso-
ventralement,
cirrhes sur face ventrale

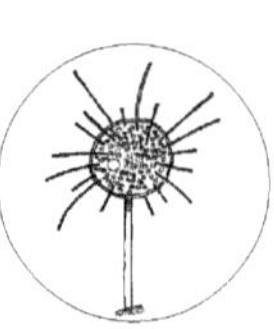

➤ **Hypotriches** clé G
20 - 200 µm **p. 47**

➤ corps fixé par un pédoncule
et présence de tentacules

➤ **Suctoriens** clé H
φ 10 - 300 µm **p. 48**

CLÉ E

HOLOTRICHES

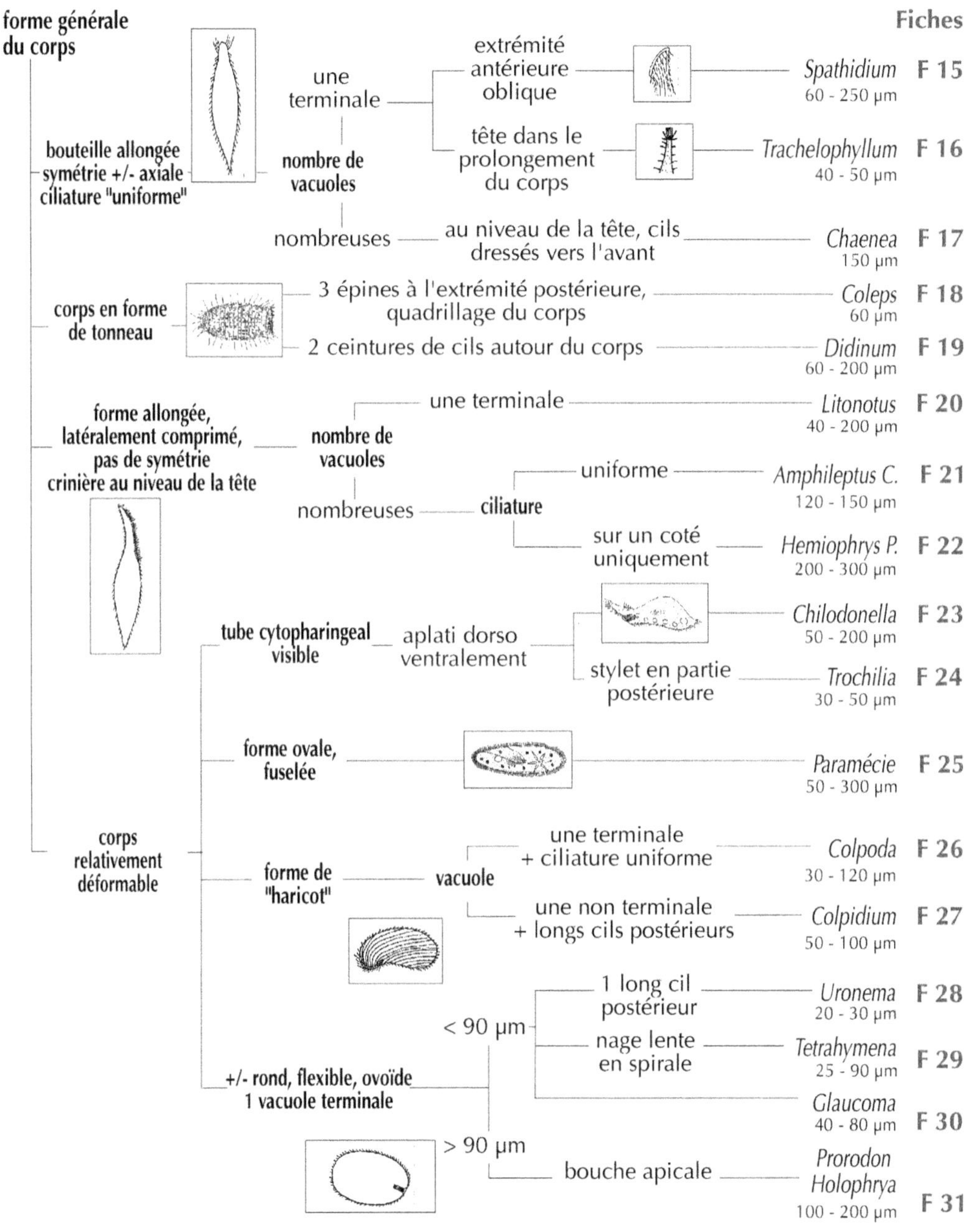

CLÉ F

PÉRITRICHES

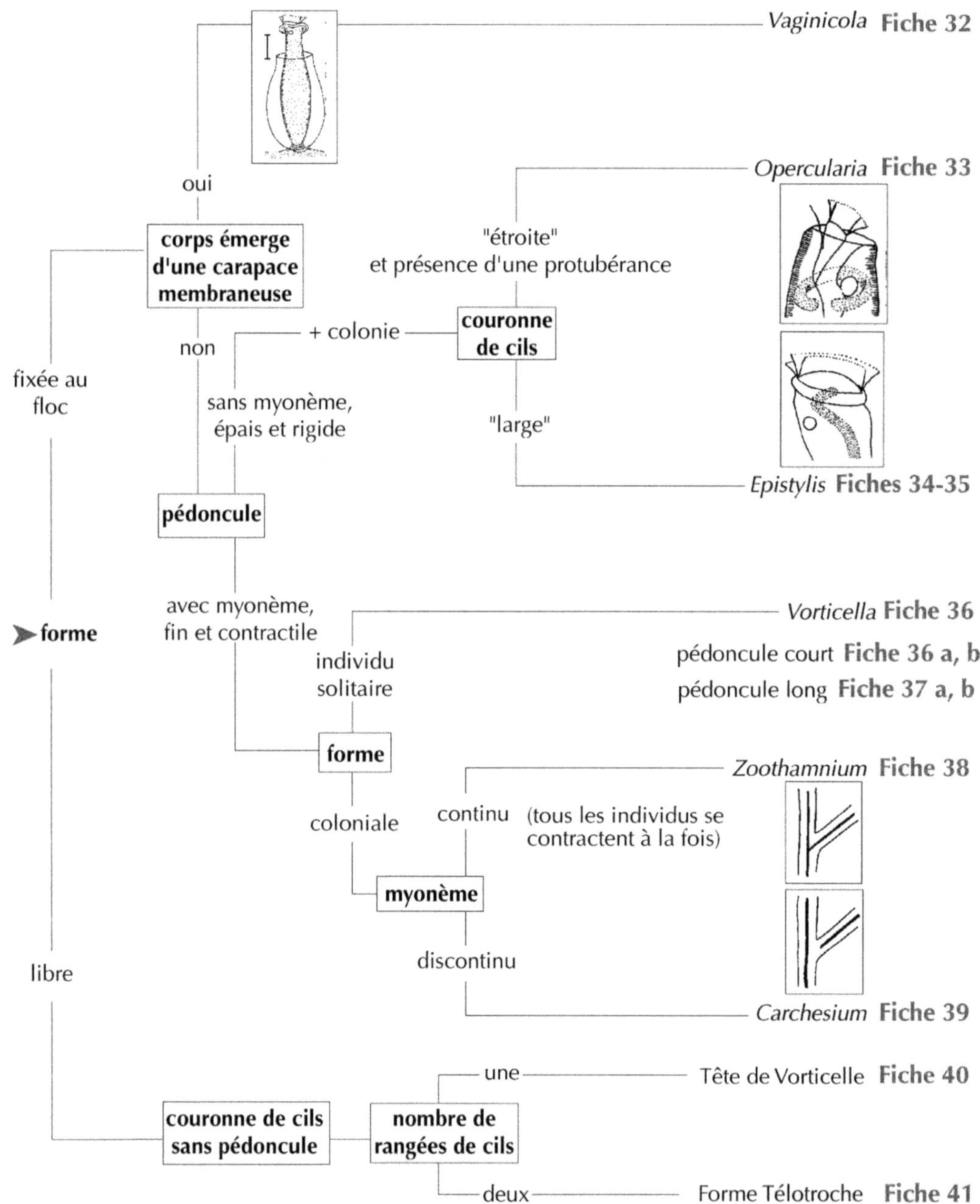

CLÉ G

Hétérotriches

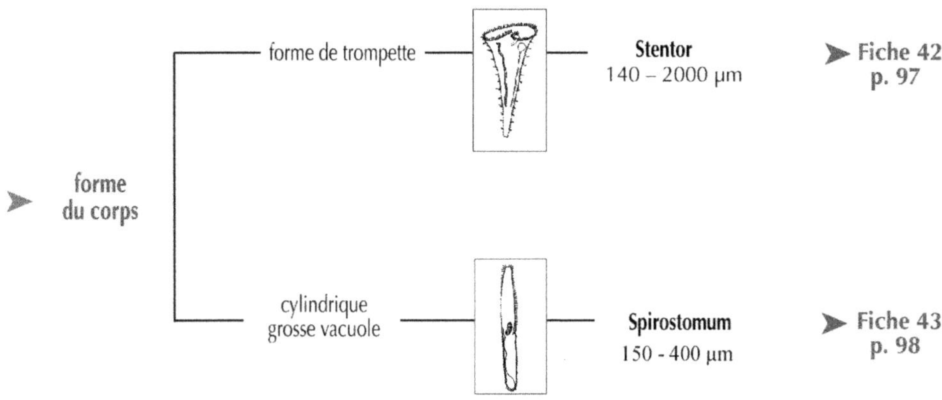

Hypotriches

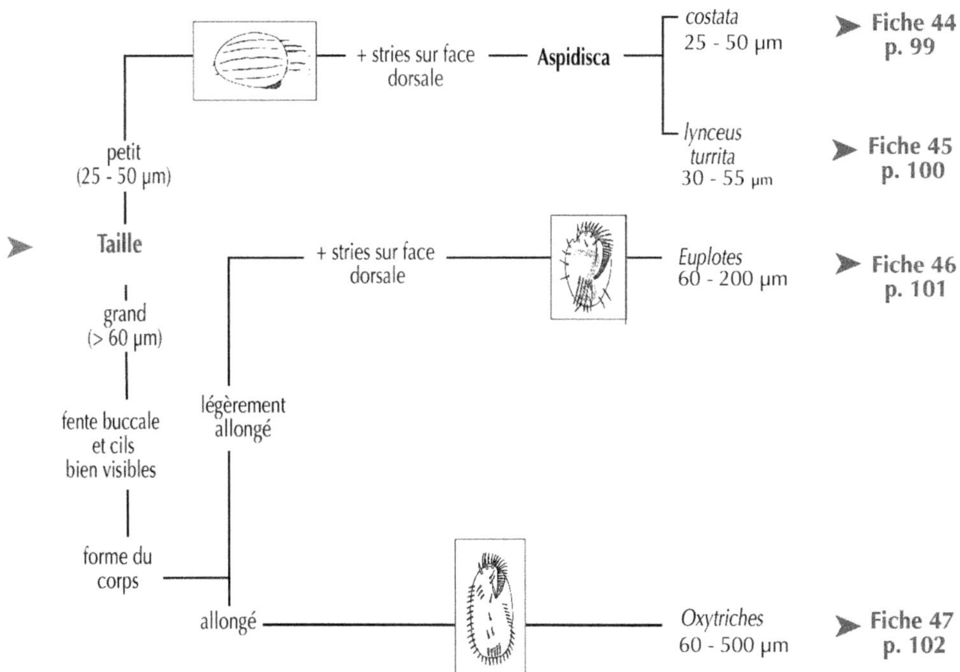

Clé H

Tokophrya
50 - 70 µm
Fiche 48
p. 103
toujours
pyramidale
forme du
corps
variable
Acineta
30 - 300 µm
Fiche 49
p. 104
par groupes
ou fascicules
disposition
des tentacules
aléatoire sur
tout le corps
Podophrya
10 - 60 µm
Fiche 50
p. 105
par pédoncule
fixation
du corps
aucune
Sphaerophrya
25 - 50 µm
Fiche 51
p. 106

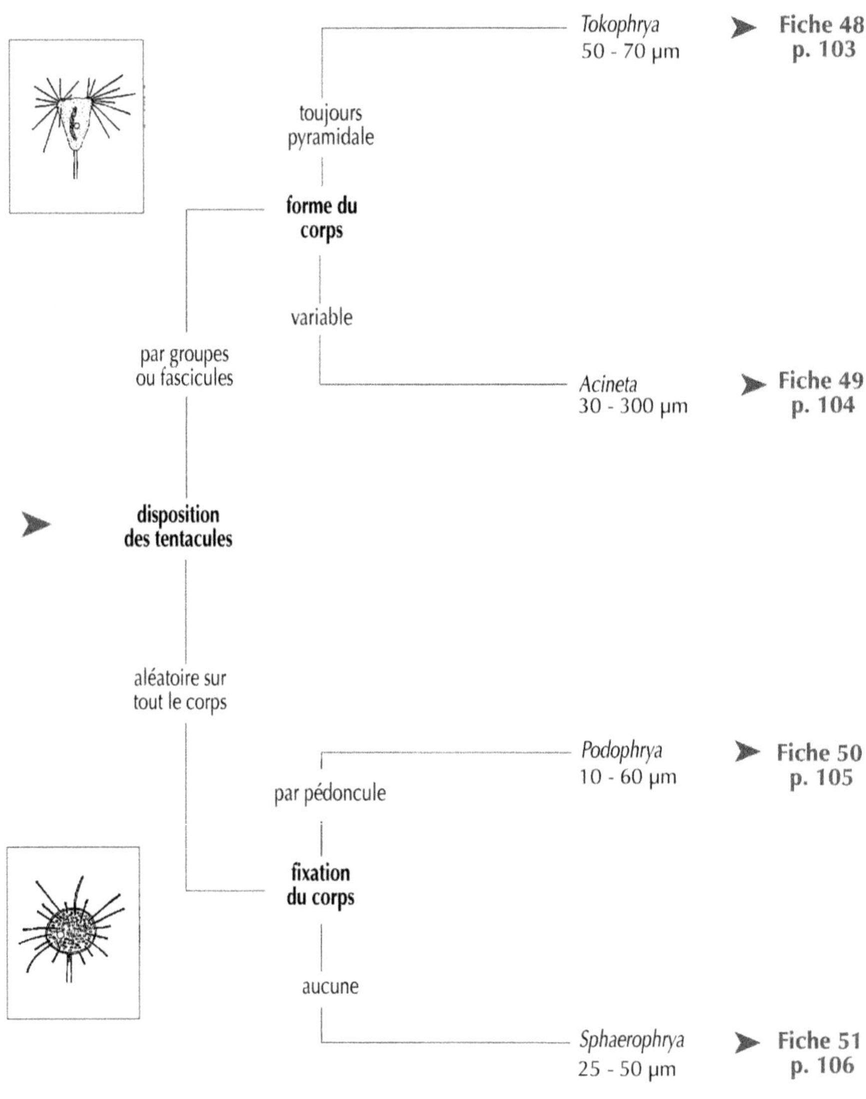

CLÉ I

silhouette caractéristique animal mobile ou fixé, contractile ou rigide	→ **Rotifères** 50 - 500 μm	➤	clé J p. 50

présence de longs cils partie postérieure munie de 2 éperons	→ **Gastrotriches** 400 - 1000 μm	➤	Fiche 54 p. 109

vers lisse	→ **Nématodes** > 150 μm	➤	Fiche 55 p. 110

quatre paires de pattes munies de griffes	→ **Tardigrades** > 500 μm	➤	Fiche 56 p. 111

vers possédant des touffes de poils rigides	→ **Annélides Oligochètes** > 1000 μm	➤	Fiche 57 p. 112

CLÉ J

ROTIFÈRES

Corps téléscopique

oui

non

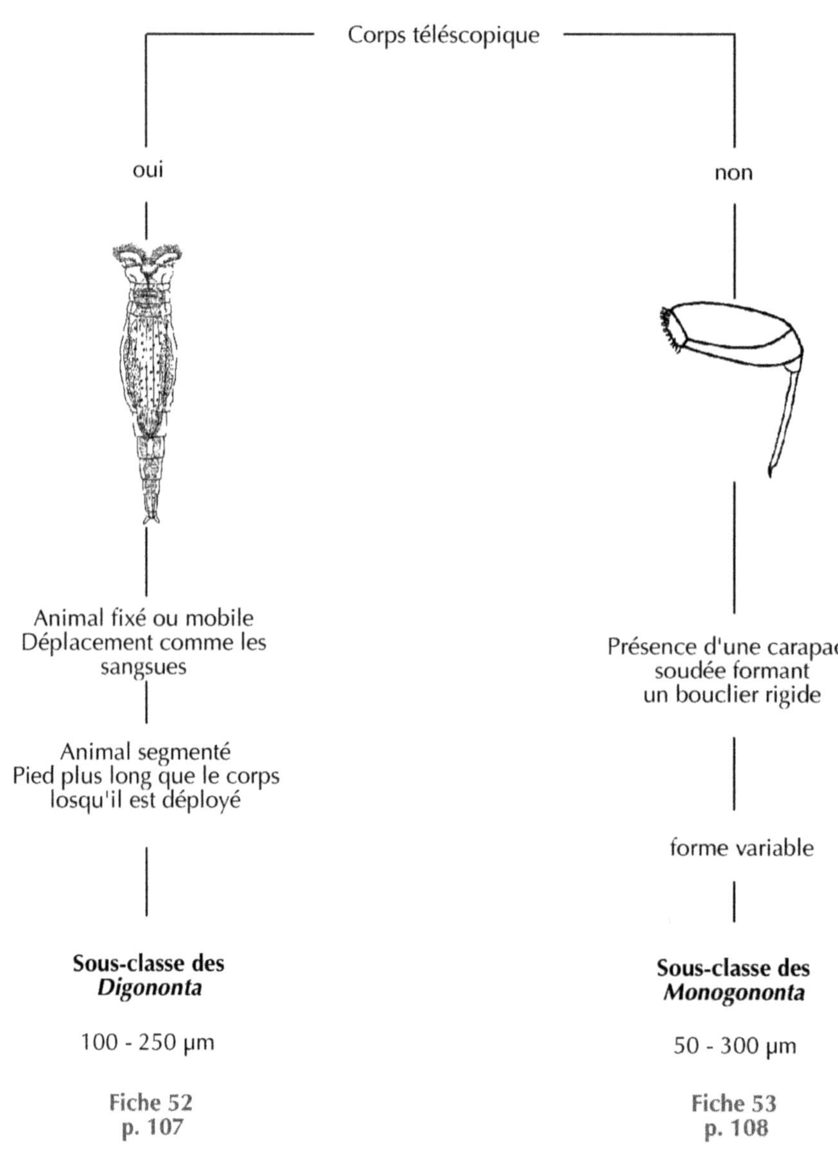

Animal fixé ou mobile
Déplacement comme les
sangsues

Présence d'une carapace
soudée formant
un bouclier rigide

Animal segmenté
Pied plus long que le corps
losqu'il est déployé

forme variable

Sous-classe des
Digononta

Sous-classe des
Monogononta

100 - 250 µm

50 - 300 µm

Fiche 52
p. 107

Fiche 53
p. 108

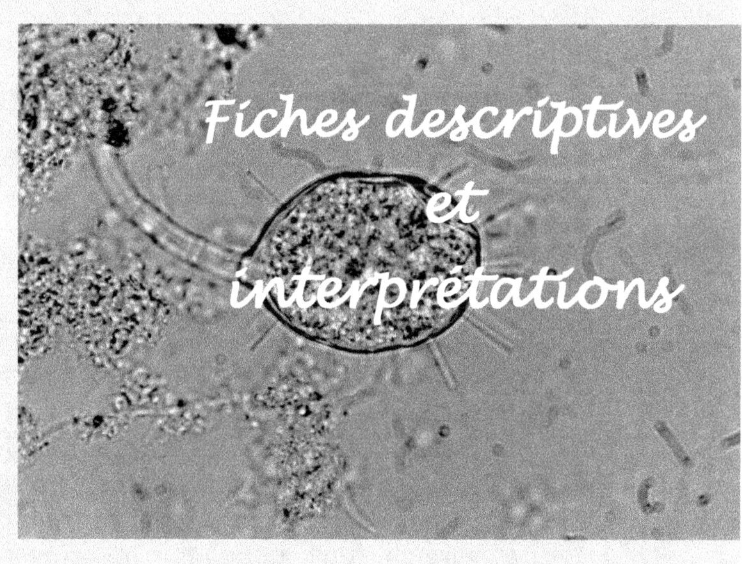
Fiches descriptives
et
interprétations

L'échelle standard, indiquée pour chaque individu au niveau des dessins, représente 10 µm, sauf indication contraire.

● ● ●●   ● ● ●●   ● ● ●●

Degré de signification

À partir des observations effectuées sur de nombreuses installations le plus souvent dimensionnées dans le domaine de l'aération prolongée [faible charge], une information complémentaire sur la fréquence de présence de l'individu et sur sa densité par rapport à l'ensemble de la population observée a été ajoutée avec quatre niveaux d'appréciation allant de "-" à "+++".

Genre Euglena

DESCRIPTION

Grand flagellé de 30 à 70 µm de long ; corps plus ou moins fusiforme très déformable ; extrémité postérieure allongée à pointue ; flagelle apical unique aussi long que le corps ; nage rapide. De nombreuses espèces existent.

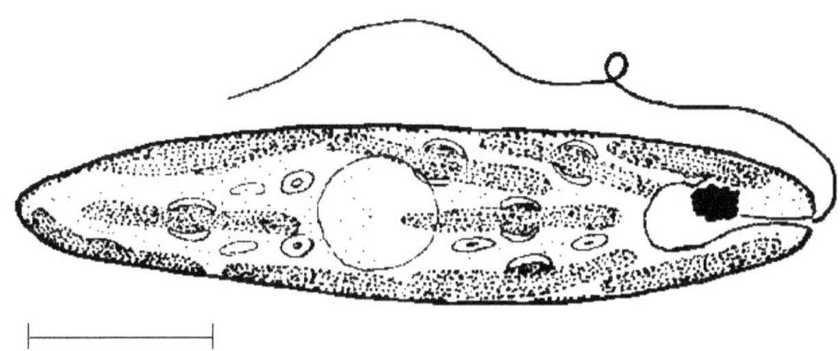

Euglena gracilis

INTERPRÉTATIONS

Relativement rare et assez indépendant de la qualité du traitement.
Il arrive que sa présence soit liée à de faibles concentrations de boues.

Remarques – Degré de signification : **présence -/dominance +**

Peranema

DESCRIPTION

Grand biflagellé de 20 à 100 µm ; corps cylindrique allongé et déformable ; extrémité postérieure arrondie ou tronquée à l'oblique ; un flagelle apical dressé vers l'avant (plus ou moins visible), deuxième flagelle peu visible ; le tiers antérieur du flagelle ondule lors du déplacement ; celui-ci est lent et rectiligne.

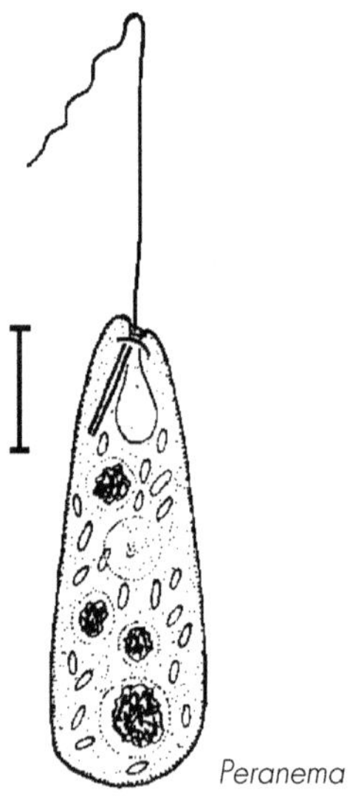

Peranema

INTERPRÉTATIONS

Espèce souvent présente mais jamais dominante en boues activées.
Ils se rencontrent en faible charge et pour des effluents peu concentrés.
Ils se développent et disparaissent de façon brutale.
Peuvent être présents pour des eaux de sortie de très bonne qualité.

Remarques – Degré de signification : **présence -/dominance +**

Genre Bodo

DESCRIPTION

Petit flagellé de 10 à 20 µm ; corps de forme ovoïde ; deux flagelles inégaux dont un traînant, beaucoup plus long que le corps ; déplacement rapide par «bonds» ; à l'arrêt, fixation au floc par son long flagelle puis sautillements très rapides autour de ce point d'appui. Plusieurs espèces sont observées dans les boues activées.

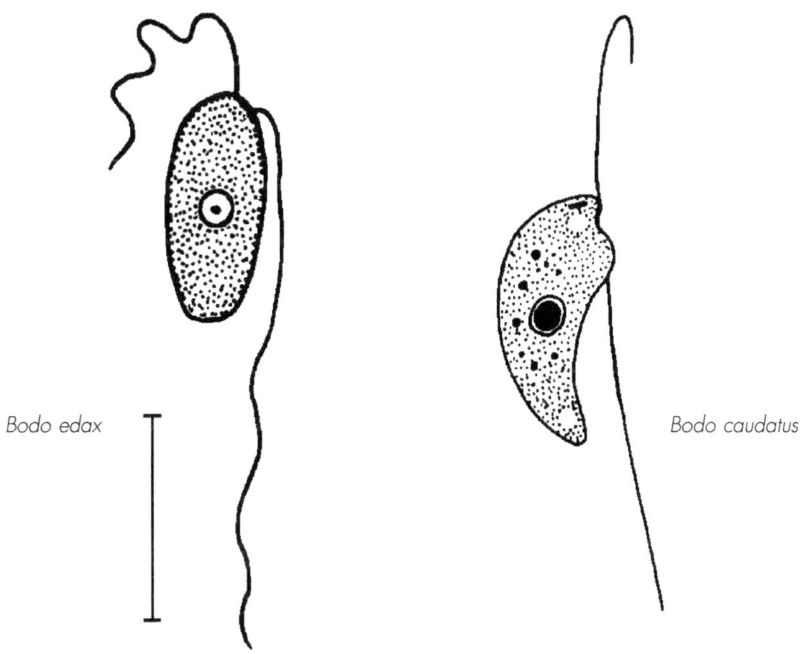

INTERPRÉTATIONS

Indicateur d'un faible rendement d'épuration, d'un milieu riche en ammoniaque.
Animal très résistant à une sous-aération totale.
Présent en quantité abondante dans des stations surchargées, en phase de démarrage ou ayant des anomalies de fonctionnement.

Remarques − Degré de signification : **présence ++/dominance +++.**
Alimentation : matière organique dissoute, bactéries. Très fréquent en boue activée.

Genres *Anisonema* et *Notosolenus*

DESCRIPTION

Anisonema : petit biflagellé de 10 à 20 µm déformable ou rigide, généralement ovale ou allongé avec une rainure longitudinale sur la face ventrale. Un flagelle est actif tel un fouet vers l'avant alors que le deuxième est traînant vers l'arrière et s'étend dans la rainure centrale. Le déplacement est rapide et tremblant.

Notosolenus : petit biflagellé d'une dizaine de microns présentant une face dorsale concave et une face ventrale convexe. Un seul flagelle est visible qui se dresse à l'oblique lors des déplacements. Ceux-ci sont lents et rectilignes. Entre 1/3 et 1/5 de l'extrémité du flagelle est en vibration.

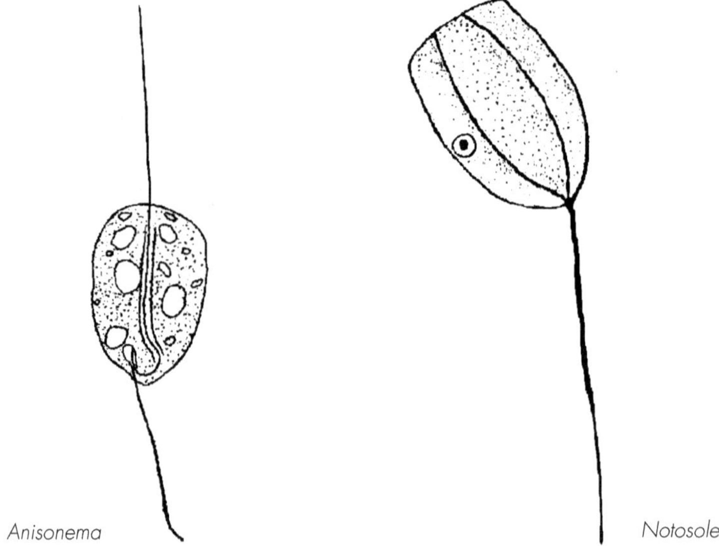

Anisonema

Notosolenus

INTERPRÉTATIONS

Rencontrés dans des stations traitant des effluents d'abattoir.

Remarques — Degré de signification : **présence -/dominance ++.**
Ils peuvent présenter des granules réfringents constitués sans doute par du *paramylum*.

Genre Monas

DESCRIPTION

Petit flagellé de 5 à 20 µm de diamètre ; corps de forme sphérique (ovale ou rond) ; mouvements très lents ; souvent immobile ; en général, il apparaît clair avec une membrane cytoplasmique bien visible ; deux flagelles inégaux.

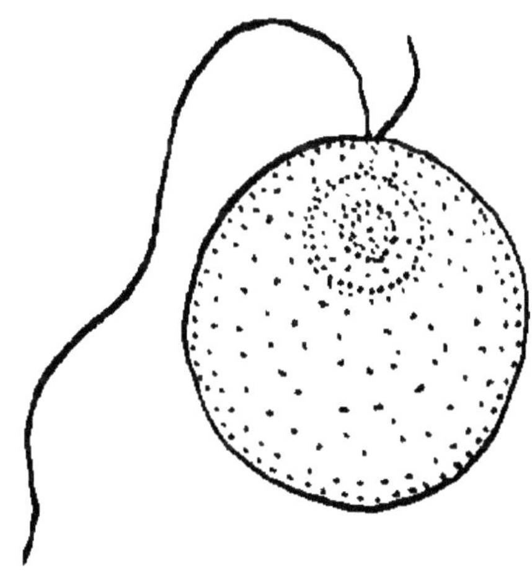

Monas globosa

INTERPRÉTATIONS

Pratiquement toujours présent dans les boues activées, il ne se développe pas en période d'instabilité et peut être associé à une charge faible et un rendement correct.
En forte densité, c'est un indicateur d'apport notable d'effluents particuliers dont les industries animales (abattoirs de volaille, de bétail…).
Il ne peut pas être classé en tant qu'indicateur d'un stade précoce d'évolution de la microfaune (démarrage ou anomalies de fonctionnement) comme tous les petits flagellés en général.

Remarques − Degré de signification : **présence +/dominance +**

Ordre des Diplomonadida

DESCRIPTION

Plusieurs genres sont regroupés sous cet ordre tels que : *Hexamita, Tetramitus, Trepomonas.*
Petits flagellés d'environ 10 à 20 µm de diamètre ; clairs et légèrement scintillants au microscope ; comportant 4 (*Tétramitus*) ou 8 flagelles inégaux non apicales ; déplacement très rapide suivant une spirale en tournant sur eux-mêmes ; observation détaillée difficile.

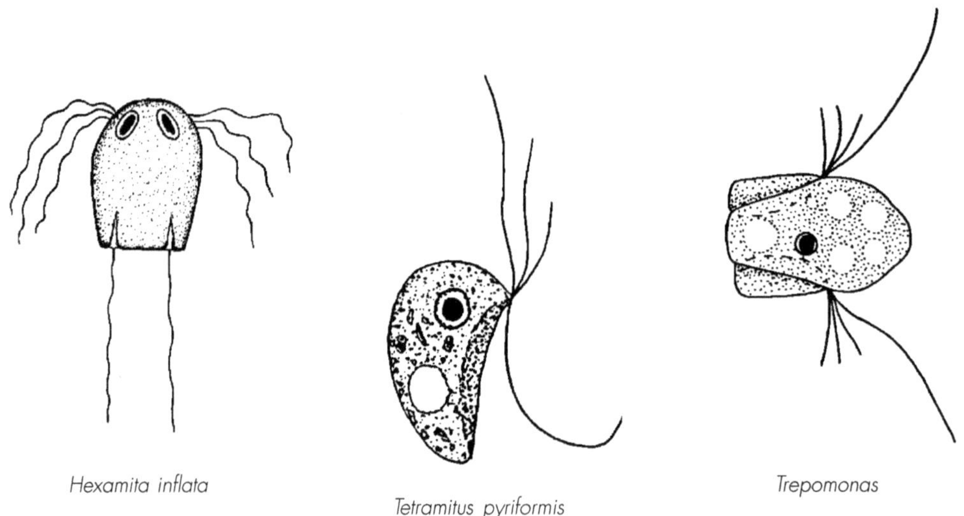

Hexamita inflata

Tetramitus pyriformis

Trepomonas

INTERPRÉTATIONS

Leur présence, même en densité assez faible, est signe de carence en oxygène. Ils sont accompagnés d'une densité totale de la microfaune faible et d'autres indicateurs de sous-oxygénation (spirilles, bactéries filamenteuses caractéristiques). Le plus caractéristique des carences en oxygène semble être *Hexamita* qui, par ailleurs, est le plus fréquemment rencontré.

Remarques – Degré de signification : **présence +++/dominance +++**

Dinobryon, Eudorina, Volvox

DESCRIPTION

Deux grands types de colonies existent.
➤ individus séparés les uns des autres, pigments chlorophylliens le plus souvent visibles :
genre *Dinobryon* ; colonie ramifiée ; flagellés vivant dans une coquille transparente (*lorica*)
– individus de 35 μm de long ; forme du corps fuselée à cylindrique ; deux flagelles inégaux,
parfois déplacement lent.
➤ individus étroitement accolés : genre *Eudorina* et *Volvox* ; colonie plus ou moins sphérique
de 100 à 250 μm de diamètre ; individus de 15 à 25 μm ; deux flagelles égaux apicaux.
Volvox est difficile à voir et se confond aisément avec des flocs divers. *(Voir aussi la clé de
détermination des flagellés coloniaux en annexe 6)*

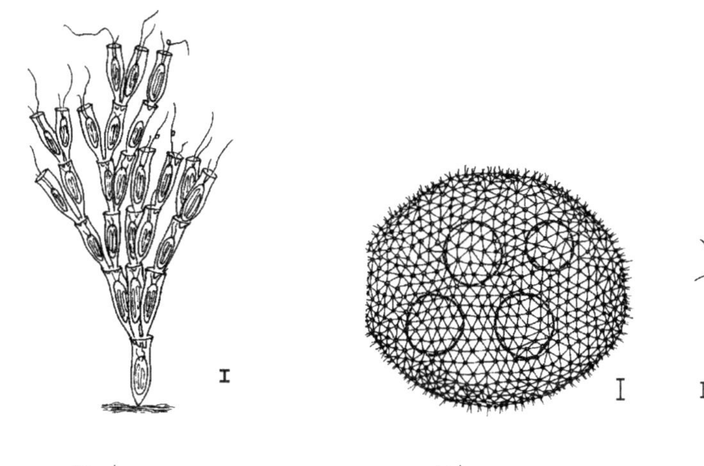
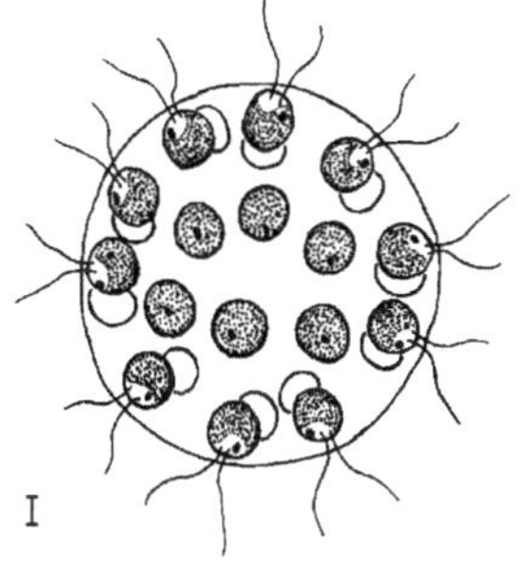

| Dinobryon | Volvox aureus | Eudorina |

INTERPRÉTATIONS

Dinobryon : présence liée à la nature des eaux à traiter, très rares en effluent domestique classique (lié notamment à des effluents d'abattoirs de bétail) ; oxygénation suffisante ;
effluent traité de qualité correcte.
Eudorina, Volvox : charge massique élevée ; oxygénation insuffisante voire limite, qualité
médiocre des effluents de sortie.

Remarques – Degré de signification : **présence +/dominance - .**
Présence rare en boues activées strictement domestique.

Actinopodes

Sarcodines

DESCRIPTION

Diamètre variable suivant l'espèce, allant de 40 à plus de 200 µm ; corps sphérique d'apparence granuleuse ; présence de nombreux pseudopodes très fins et non ramifiés ; forme générale rappelant une étoile ; animal libre et non fixé.

Certaines espèces ont des caractéristiques proches des suctoriens (voir *Sphaerophrya*). Ils s'en différencient par la longueur des pseudopodes, supérieure à celle des tentacules des suctoriens.

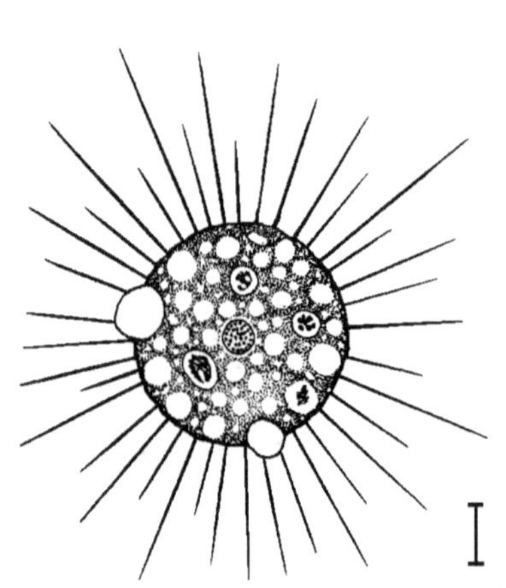

Actinophrys sol

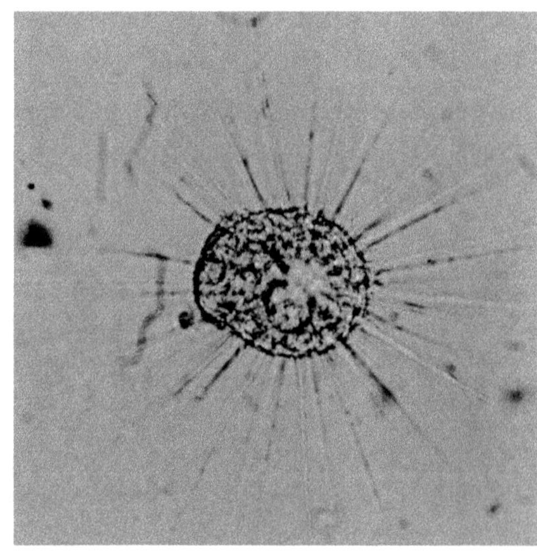

genre Actinophrys X 400

Fiche 8

INTERPRÉTATIONS

Très peu présents en boues activées.
Leur développement semble lié au traitement d'effluents particuliers (matières de vidange…).

Remarques — Degré de signification : **présence +/dominance -**

Petits Thécamébiens

Sarcodines – Thécamébiens

DESCRIPTION

Cochliopodium : diamètre de 10 à 45 µm ; thèque membraneuse ovoïde et opaque, comprenant des incrustations claires visibles au microscope ; animal toujours fixé au floc ; observation difficile.
Chlamydophrys : diamètre de 20 à 40 µm ; thèque de section circulaire, ovoïde et transparente ; ouverture non observable (2 - 3 µm) ; observation difficile.

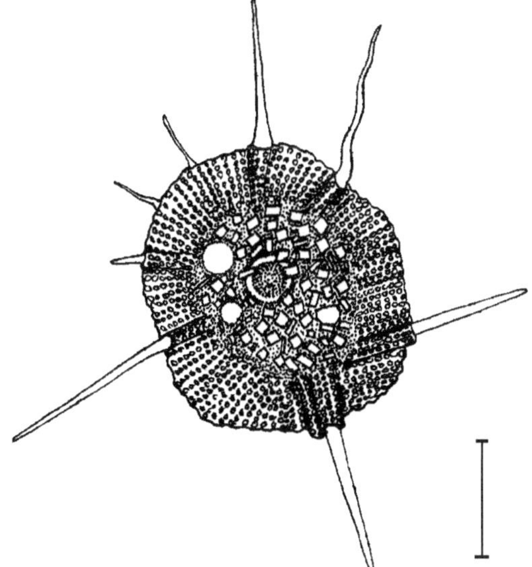

Cochliopodium bilimbosum

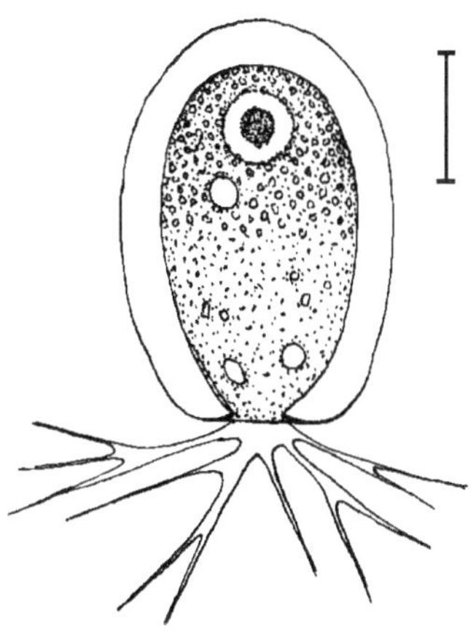

Clamydophrys stercorya

Fiche
9

INTERPRÉTATIONS

Présents sur l'ensemble des installations.
Leur densité dépend essentiellement de la qualité de l'effluent à traiter et non du niveau de charge du système.
Ces deux espèces ainsi que d'autres prolifèrent particulièrement sur les stations d'industries chimiques, de raffineries… La plupart du temps, elles sont corrélées avec un résiduel organique (DCO) significatif.

Remarques – Degré de signification : **présence ++/dominance +++.**
Sujet à pullulement.

Genre Arcella

DESCRIPTION

Grand Thécamébien de diamètre compris entre 30 et 250 µm ;
thèque arrondie, transparente, de couleur orange à brune lorsqu'elle est âgée ; en vue de
dessus (ou au travers) ouverture de la thèque centrale, ronde et souvent marquée ; pseudopodes rarement observables ; les thèques vides se présentent souvent de couleur orangée.

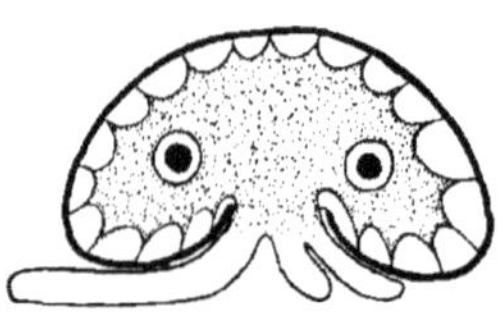

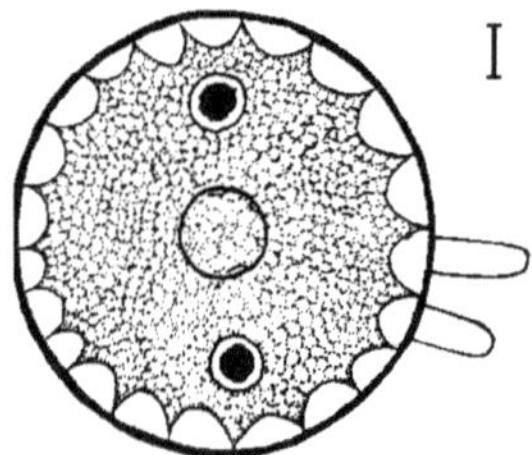

I

Arcella vulgaris

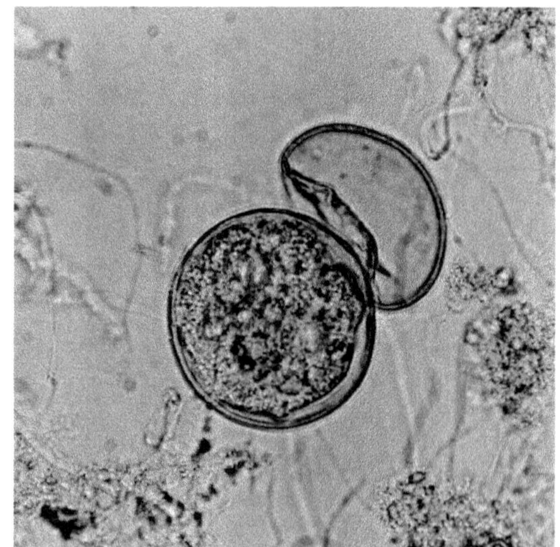

genre Arcella X 400 *(vue latérale et dorsale)*

INTERPRÉTATIONS

Leur présence témoigne d'une installation fonctionnant dans le domaine de la faible charge
ou de l'aération prolongée ; bonnes performances en nitrification d'où un bon degré
d'aération.
Population également fréquente sur des installations traitant des effluents d'industries agro-
alimentaires (industries de la viande notamment).

Remarques – Degré de signification : **présence +/dominance +.**
Alimentation : bactéries.

Genre Difflugia

DESCRIPTION

Grand Thécamébien de diamètre compris entre 60 et 200 µm (parfois plus) ; forme de la thèque variable mais toujours recouverte de grains de sable et autres corps étrangers avec des irrégularités la plupart du temps visibles ; apparaît donc opaque au microscope ; pseudopodes rarement observables ; ouverture de la thèque située à l'extrémité la plus étroite.

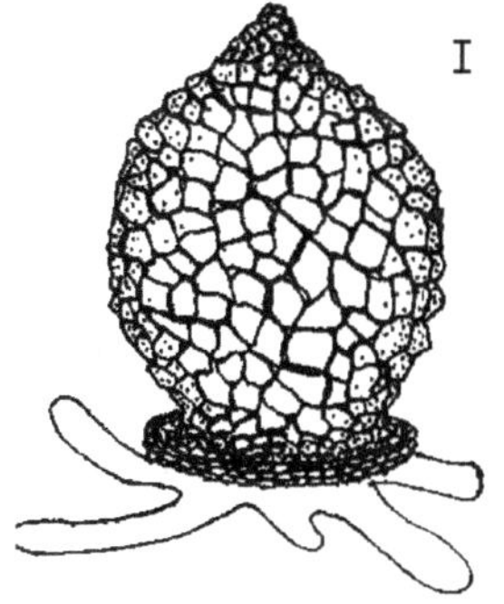

Difflugia urceolata

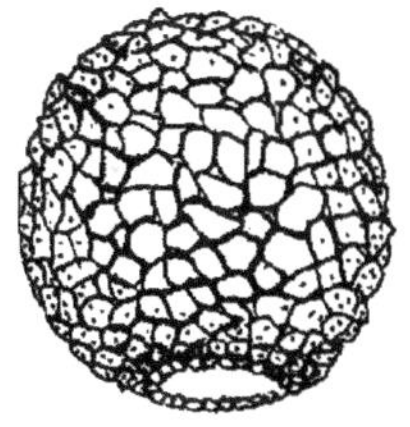

Difflugia globulosa

Sarcodines – Thécamébiens

Fiche 11

INTERPRÉTATIONS

Indicateur de stations fonctionnant en aération prolongée ; minéralisation assez poussée des boues (âge de boue supérieur à 20 – 30 jours). Sa présence reste toutefois liée à la présence de micro-grains de sable dans le milieu (constitution de sa thèque).

Remarques −Degré de signification : **présence +/dominance ++.**
Alimentation : bactéries.

Genre Euglypha

DESCRIPTION

Grand thécamébien de longueur comprise entre 50 et 150 µm ; thèque ovoïde en forme de «ballon de rugby», claire et transparente, composée de plaquettes ovales bien agencées et souvent visibles ; ouverture de la thèque située à l'extrémité la plus étroite ; pseudopodes rarement observables ; difficulté de savoir si la thèque est habitée.

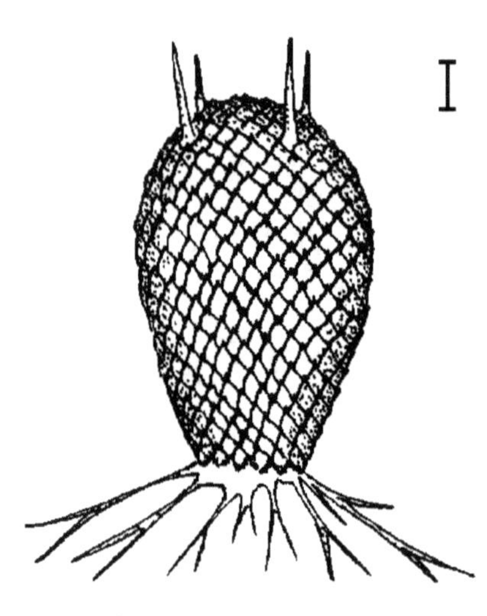

Euglypha alveolata

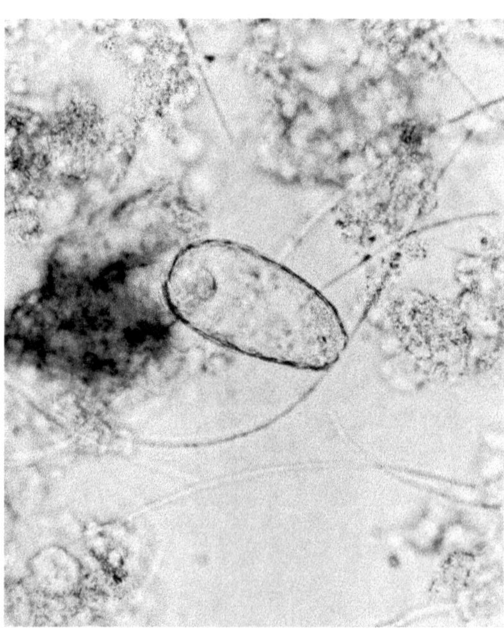

genre Euglypha X 400

INTERPRÉTATIONS

Leur présence témoigne d'une installation fonctionnant dans le domaine de la faible charge ou de l'aération prolongée avec ou sans nitrification mais dont le degré d'aération est suffisant.

Leur densité diminue dès que la qualité des eaux se détériore.

Remarques — Degré de signification : **présence ++/dominance +++**. Alimentation : bactéries. L'espèce *Euglypha alveolata*, la plus décrite dans la bibliographie, présente des pointes à l'extrémité de sa thèque et est extrêmement rare en boues activées.

Petites Amibes

DESCRIPTION

Longueur inférieure à 40 µm ; corps en forme de sac très déformable, empli d'endoplasme transparent ou granuleux ; animal mobile mais très lent ; déplacement par avancée d'un ou plusieurs pseudopodes suivis de l'écoulement de l'endoplasme ; forme donc extrêmement variable suivant le déplacement ; détermination du genre peu aisée.
Genres rencontrés couramment : *Mayorella, Hartamanella, Vahlkampfia limax.*

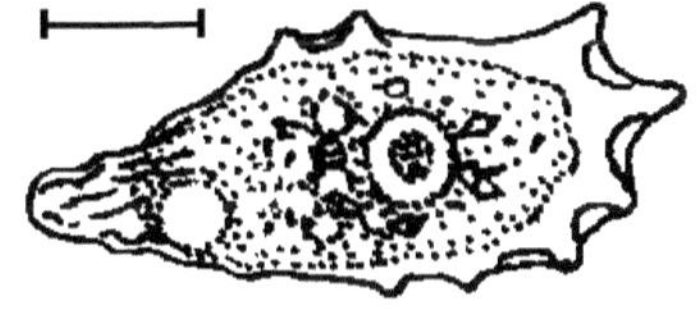

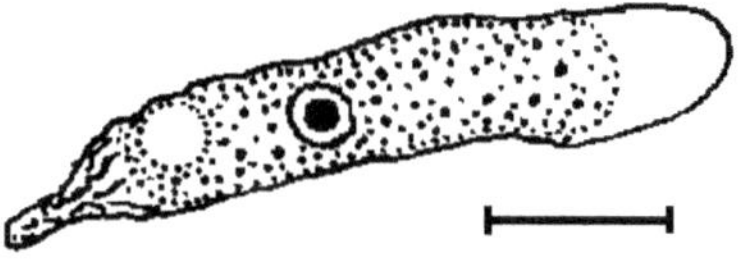

Mayorella cultura (en haut)   Hartamanella vermiformis (en bas)

Sarcodines – Amébiens

Fiche 13

INTERPRÉTATIONS

Rencontrées fréquemment lors d'anomalies de fonctionnement.
Présence souvent liée à des apports d'effluents industriels composés de produits chimiques entraînant des pH différents (industrie de la chimie, tannerie) voire d'effluents toxiques.
Accompagnées de *thécamébiens* : aération suffisante de la station.
Accompagnées de flagellés, type *diplomonadida* : confirmation d'une sous-aération de l'installation.

Remarques – Degré de signification : **présence ++/dominance +++.**
Alimentation : bactéries. Sujet à pullulement.

Grandes Amibes

Sarcodines – Amébiens

DESCRIPTION

Longueur de 40 à plus de 100 µm ; corps en forme de sac très déformable, empli d'endoplasme transparent ou granuleux ; animal mobile mais très lent ; déplacement par avancée d'un ou plusieurs pseudopodes suivis de l'écoulement de l'endoplasme ; forme donc extrêmement variable suivant le déplacement ; détermination du genre peu aisée.
Espèces les plus rencontrées : *A. proteus, A. verrucosa.*

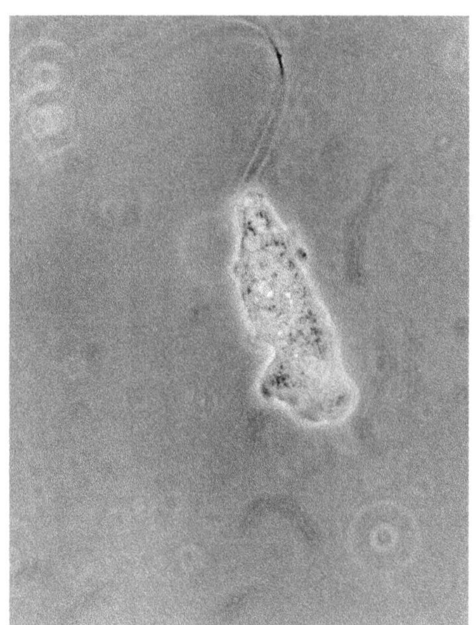 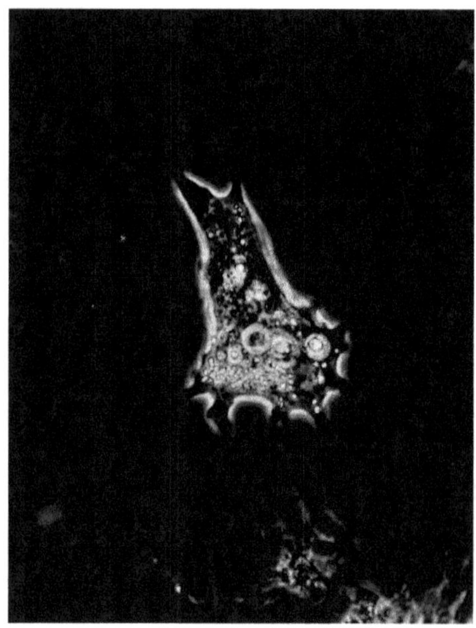

Grande Amibe X 400

Fiche
14

INTERPRÉTATIONS

Apparition lors de phases transitoires et plus précisément lors d'une amélioration du fonctionnement de l'installation.
Leur présence est souvent corrélée à une bonne oxygénation et presque toujours à un bon traitement du carbone.

Remarques – Degré de signification : **présence +/dominance +.**
Alimentation : bactéries, flagellés, ciliés.

Spathidium spathula

DESCRIPTION

Longueur 80 à 200 µm ; corps en forme de sac allongé rétréci pour former "un cou" ; ciliature uniforme ; extrémité antérieure oblique par rapport au corps et occupée entièrement par la bouche : pas de cil à ce niveau ; une vacuole contractile terminale.

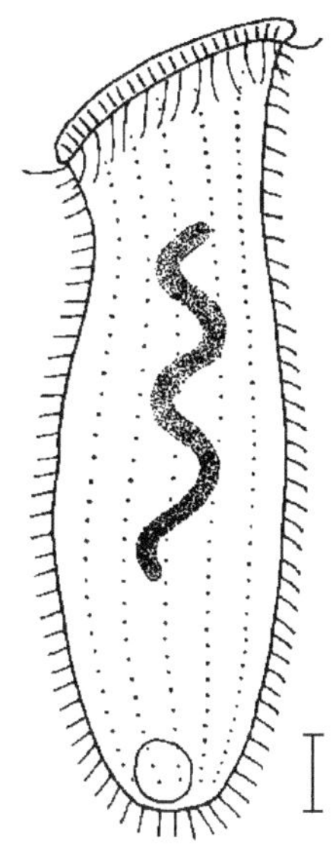

genre Spathidium

INTERPRÉTATIONS

Indicateur d'effluent de bonne voire de très bonne qualité.
Une autre espèce de *Spathidium*, plus petite, a été observée dans des boues activées chaudes (36-39 °C) et une eau interstitielle très salée. La qualité du traitement était fort limitée.

Remarques − Degré de signification : **présence +/dominance ++.**
Alimentation : bactéries. Présence rare.

Trachelophyllum pusillum

DESCRIPTION

Taille de 40 à 50 µm de long ; corps en forme de bouteille allongée aplatie et très flexible ; bouche apicale entourée de cils dirigés vers l'avant ; une seule vacuole contractile terminale ; deux macronucléus ; ciliature uniforme.

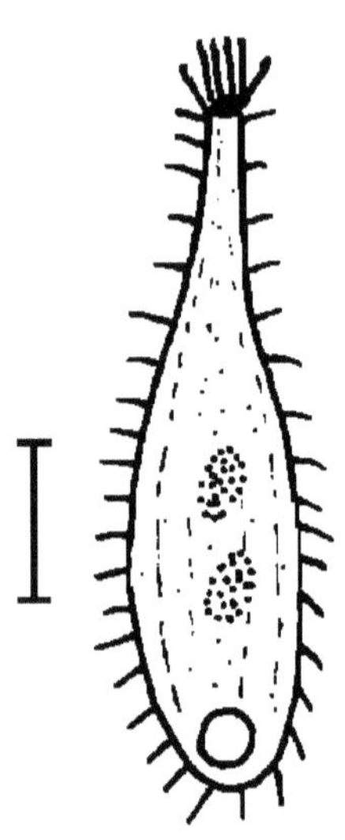

Trachelophylum pusillum

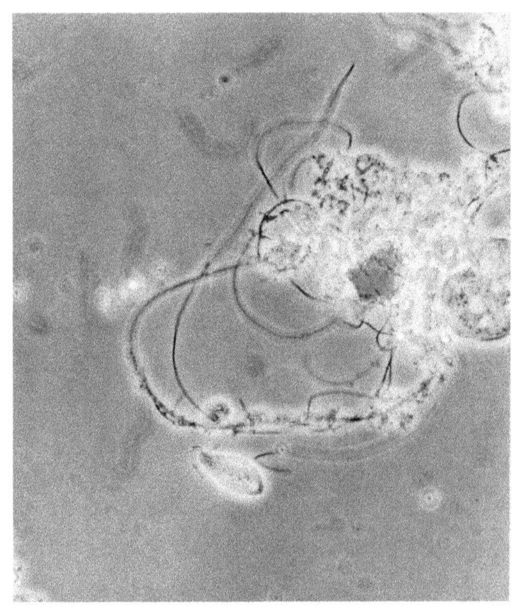

Trachelophylum pusillum X 400

INTERPRÉTATIONS

Peut être présent quel que soit le domaine de charge de l'installation avec une préférence pour la moyenne charge.
D'autant plus abondant que la charge est élevée. Dominant, il est corrélé à une épuration médiocre.
Indicateur d'une phase transitoire (surcharge…).
Absence de relation avec le degré d'aération du système.

Remarques — Degré de signification : **présence +/dominance +++**. Alimentation : bactéries, petits flagellés (*Monas*), cannibale. Exploite la surface des flocs — concurrence *Chilodonella* et *Aspidisca*.

Chaenea teres

DESCRIPTION

Longueur 150 µm ; symétrie axiale du corps ; ciliature uniforme ; corps allongé ; bouche apicale entourée de cils dirigés vers l'avant ; une seule vacuole contractile terminale plus deux rangées latérales de petites vacuoles.
Ne pas confondre avec *Trachelophylum P.* qui est nettement plus petit.

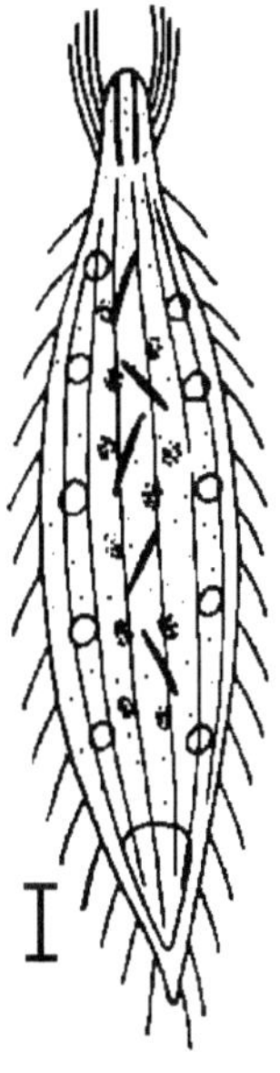

Chaenea teres

INTERPRÉTATIONS

Présent dans des systèmes au fonctionnement stable où le processus de nitrification est déjà bien installé.
Indicateur d'une bonne qualité de traitement du carbone.

Remarques – Degré de signification : **présence +/abondance ++**.
Alimentation : bactéries. Peu fréquent, mais le cas échéant peut être abondant.

Coleps hirtus

DESCRIPTION

Longueur 55 à 65 µm ; corps peu déformable en forme de tonneau recouvert de "plaquettes" (apparence de grillage) ; ciliature uniforme ; bouche apicale ; extrémité postérieure munie d'épines et d'un long cil ; extrêmement mobile.

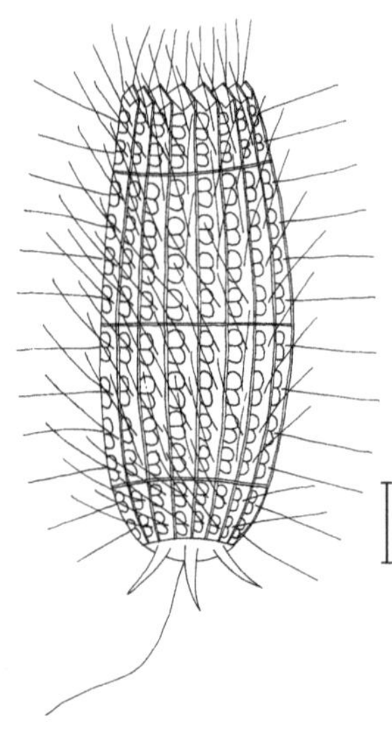

Coleps hirtus

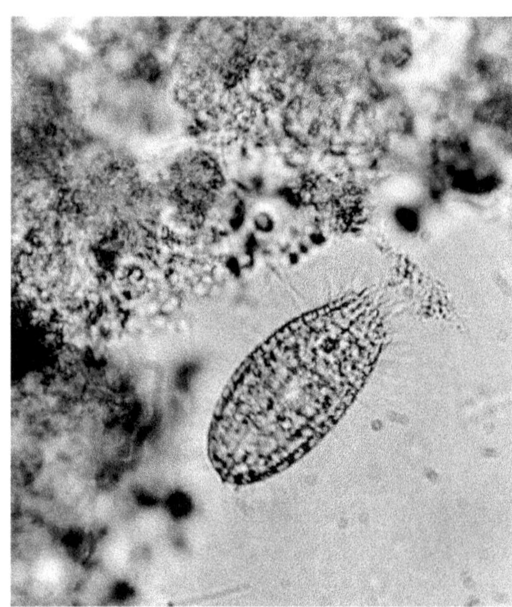

Coleps hirtus X 630

INTERPRÉTATIONS

Sa présence en nombre important indique une installation fonctionnant dans le domaine de la faible charge avec une oxygénation satisfaisante, plutôt une bonne efficacité de la nitrification et dans tous les cas un bon traitement du carbone.
Fonctionnellement assez proche des suctoriens.

Remarques – Degré de signification : **présence +/dominance ++.**
Alimentation : flagellés, petits ciliés, vorticelles, ses propres congénères.

Didinium nasutum

DESCRIPTION

Longueur 80 - 180 µm ; corps en forme de barrique ; deux ceintures de cils (une au milieu du corps, une au niveau du pôle antérieur) ; bouche apicale située au bout d'un cône proéminent ; une vacuole contractile terminale ; déplacement très rapide ; peut être confondu avec une forme télotroche ou une tête de vorticelle détachée.

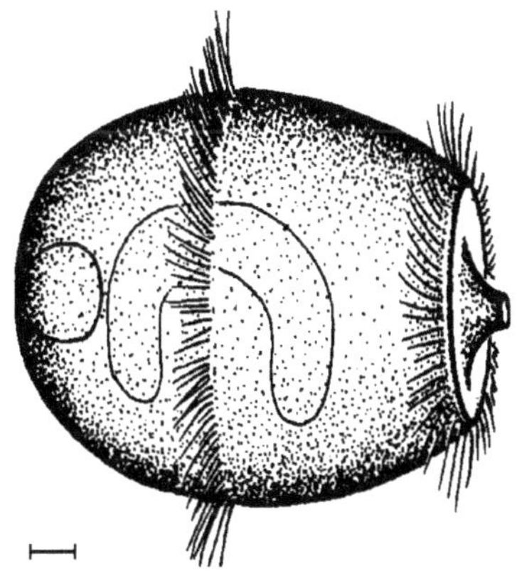

Didinium nasutum

INTERPRÉTATIONS

Indicateur d'un bon degré de traitement avec une nitrification poussée, donc d'un degré d'aération important sur l'installation.

Remarques – Degré de signification : **présence +/dominance -.**
Alimentation : ciliés et surtout paramécies, proliférerait avec celles-ci. Rarement observé en boues activées.

Genre *Litonotus*

DESCRIPTION

Taille variable suivant les individus allant de 50 à 200 µm de longueur ; corps allongé, latéralement comprimé et flexible ; une vacuole contractile près de l'extrémité postérieure bien visible ; deux *macronuclei* centraux ; cils plus longs entourant la fente de la bouche donnant l'impression d'une crinière (1/3 supérieur du corps) ; ciliature uniquement sur un côté du corps (difficilement observable).

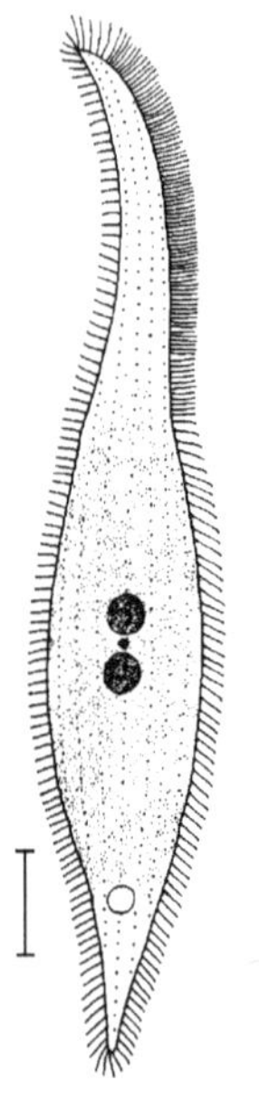

Litonotus fasciola

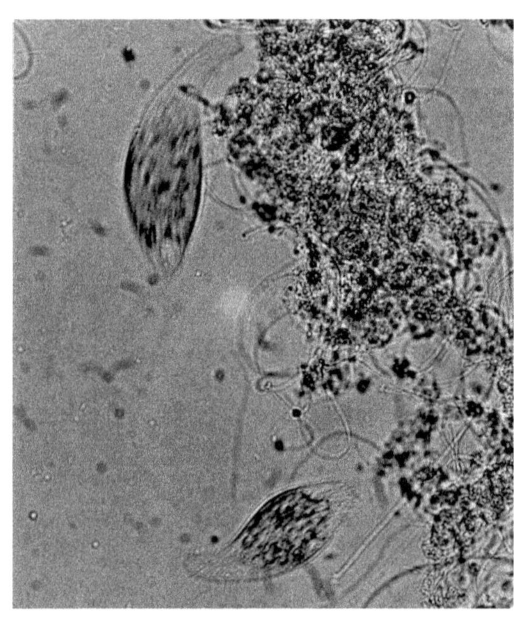

genre Litonotus X 400

INTERPRÉTATIONS

Hôte préférentiel des stations fonctionnant en moyenne charge.
Espèces non permanentes, indicatrices d'une phase transitoire du traitement.

Remarques – Degré de signification : **présence -/dominance ++**.
Alimentation : bactéries, flagellés, ciliés (Péritriches). Parfois appelé *Lionotus*

Amphileptus claparedei

DESCRIPTION

Longueur 120 à 150 µm ; corps flexible en forme de lance et comprimé latéralement ; ciliature uniforme avec une frange de cils plus longs autour de la bouche donnant l'impression d'une crinière ; nombreuses vacuoles contractiles réparties irrégulièrement à la périphérie du corps ; deux *macronucléi* ovales.

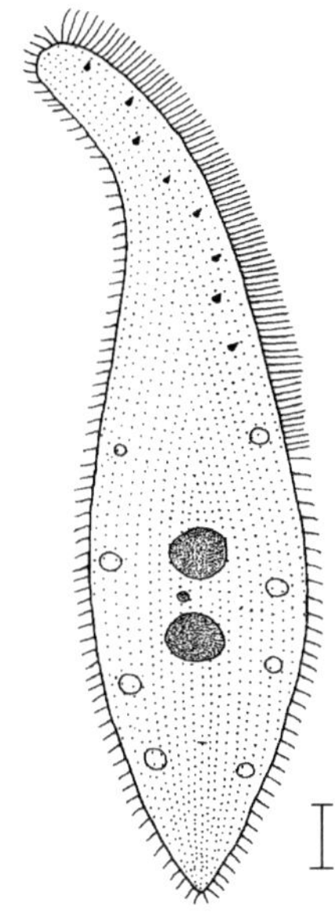

Amphileptus claparedei

INTERPRÉTATIONS

Ne se rencontre que sur des installations aux charges supérieures à celle de l'aération prolongée, dans des conditions d'aération satisfaisantes à excessives.

Remarques – Degré de signification : **présence -/dominance +**.
Alimentation : bactéries, protozoaires dont les Péritriches (Vorticelles, *Carchésium*, *Opercularia*...).

Hemiophrys pleurosigma

DESCRIPTION

Longueur 200 à 300 µm ; corps flexible en forme de lance et comprimé latéralement ; ciliature sur un unique côté avec une frange de cils plus longs autour de la bouche donnant l'impression d'une crinière ; nombreuses petites vacuoles contractiles réparties régulièrement à la périphérie du corps ; deux *macronuclei*.

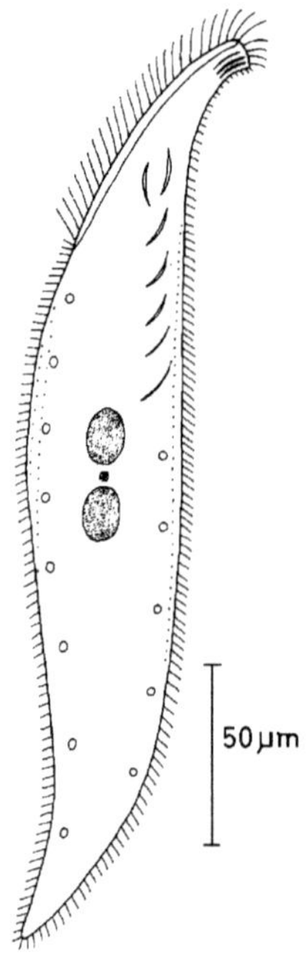

Hemiophrys pleurosigma

INTERPRÉTATIONS

A été rencontré sur des installations donnant des effluents de très bonne qualité avec des teneurs en NH_4^+ faibles.

Remarques — Degré de signification : **présence +/dominance -**.
Alimentation : flagellés, ciliés (dont les Vorticelles)

Genre Chilodonella

Ciliés – Holotriches

DESCRIPTION

Taille comprise entre 40 à 300 µm suivant l'espèce ; ciliature homogène uniquement sur la face ventrale ; corps asymétrique très souple comportant une bosse sur le dos (caractéristique en vue latérale) ; appareil buccal souvent visible sous forme d'un tube foncé strié ; en vue de dessus, présence d'une ligne nette au pôle antérieur donnant l'impression d'une cicatrice ; déplacement en nage rectiligne et reptation sur le floc.

Deux espèces : *C. cucullulus* : taille > à 100 µm – 6 à 8 vacuoles contractiles disposées en deux rangées à la périphérie du corps. *C. uncinata* : taille < à 100 µm – 2 vacuoles contractiles situées dans le ¼ supérieur et inférieur opposés du corps.

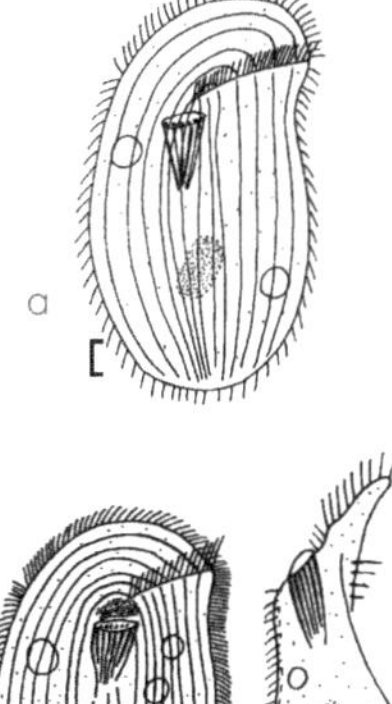

a : *C. uncinata* – b : *C. cucullulus* (vues dorsale et latérale)

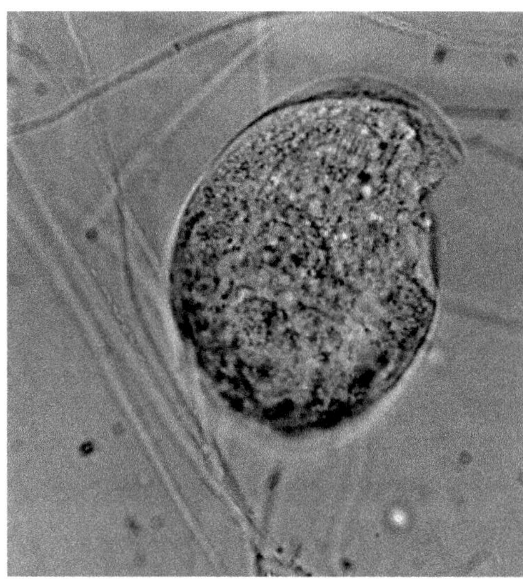

genre *Chilodonella* X 630

INTERPRÉTATIONS

Ce genre est souvent corrélé avec le développement de bactéries filamenteuses mais il n'est pas un indicateur précis de la qualité du traitement et peut se trouver dans tous les domaines de charge.

Chilodonella cucullulus est pourtant fréquemment rencontré sur des installations de bonne à très bonne qualité de traitement (y compris traitement de l'azote).

Chilodonella uncinata est plus résistant aux à-coups de charge ou arrivées d'effluents spéciaux et n'est en fait corrélé qu'à la présence de bactéries filamenteuses.

Remarques – Degré de signification pour les deux espèces : **présence +/dominance ++**.
Alimentation : bactéries filamenteuses, protozoaires. Appelé aussi par certains auteurs *Thrithigmostoma cucullulus*.

Fiche 23

Trochilia minuta

Ciliés – Holotriches

DESCRIPTION

Taille 50 µm de long ; corps aplati dorso-ventralement ; ciliature uniquement sur une face ; présence d'un stylet mobile au niveau de la partie postérieure du corps ; appareil buccal visible en forme de tube strié (comme *chilodonella*) ; un *macronuléus* ; deux vacuoles contractiles ; nage très rapide.

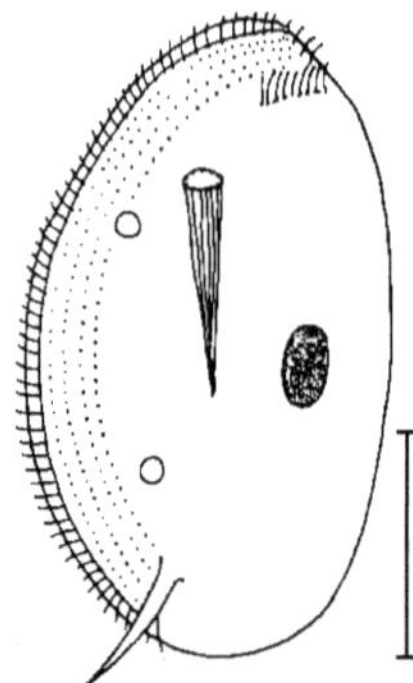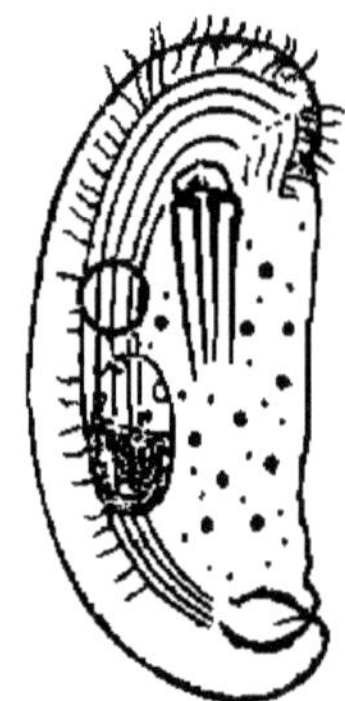

Trochilia minuta (vue ventrale – vue latérale)

INTERPRÉTATIONS

Indicateur de bonne à très bonne qualité de l'eau interstitielle.
Présent sur des installations où le processus de nitrification est déjà bien installé.

Remarques — Degré de signification : **présence/dominance**

Fiche
24

Genre Paramecium

DESCRIPTION

Corps fuselé, cylindrique et très déformable ; ciliature uniforme ; observation d'une longue "fente" oblique dans la partie antérieure de l'animal ; un macronucléus ; nage rapide et rectiligne en tournant sur lui-même.

Plusieurs espèces regroupées ici en deux groupes suivant la taille des individus :
– grandes paramécies (> 130 μm) : *P. aurélia, P. caudatum* ; forme allongée; une ou deux vacuoles contractiles en forme d'étoile ; touffe de longs cils à l'arrière du corps pour *P. caudatum.*
– petites paramécies (< 130 μm) : *P. putrinum, P. trichium* ; corps plus ramassé ; une ou deux vacuoles contractiles ; touffe de longs cils à l'arrière du corps pour *P. trichium.*

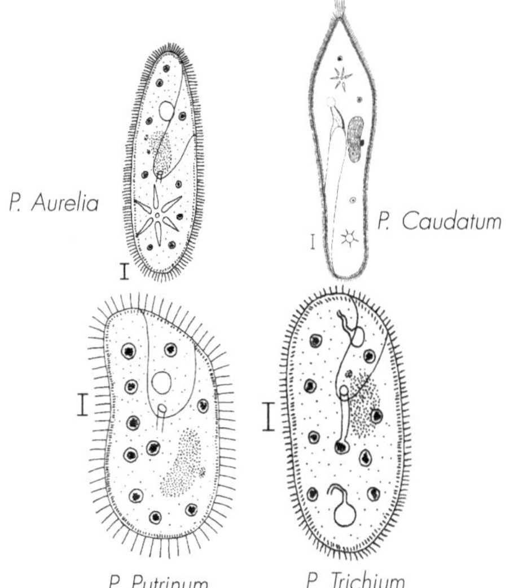

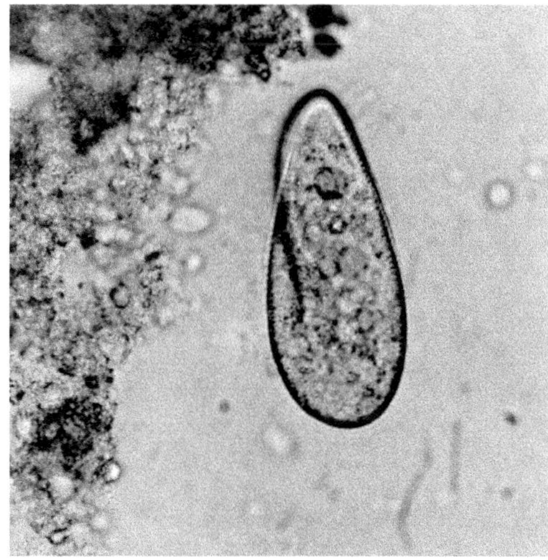

Grande paramécie X 400

Fiche
25

INTERPRÉTATIONS

Leur présence est souvent liée à une phase transitoire.
Les grandes paramécies sont indicatrices d'une eau de bonne voire très bonne qualité.
Elles sont résistantes à des périodes d'anoxie ou d'arrêt de l'aération.
Les petites paramécies se rencontrent sur des installations dont la charge massique est plus élevée avec une aération suffisante ; la qualité du traitement est plus limitée.

Remarques – Degré de signification : **présence +/dominance ++.** Animal avide d'oxygène et de bactéries. Peu fréquent dans les boues activées – *P. putrinum et P. caudatum* sont les plus rencontrées.

Genre Colpoda

DESCRIPTION

Longueur de 40 à 120 µm ; corps en forme de rein ; encoche visible sur le côté au niveau de la bouche ; rayures de cils uniformes ; un macronuléus ; une vacuole contractile terminale ; peut apparaître sombre par un nombre important d'inclusions.

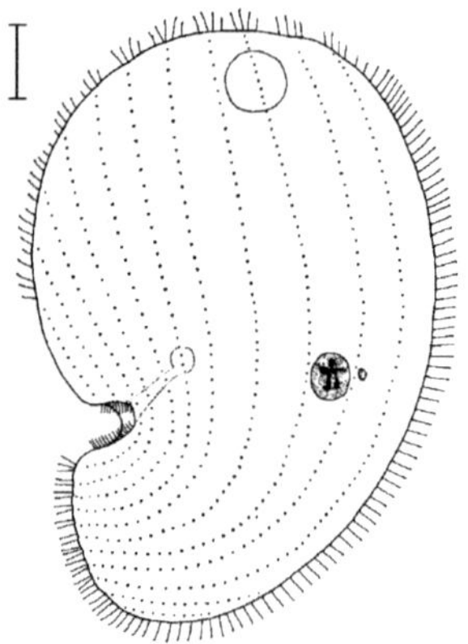

Colpoda cucullus

INTERPRÉTATIONS

Ce genre est rencontré sur des installations donnant une épuration moyenne à médiocre. Leur présence est liée à une charge plutôt élevée ou à un état transitoire du système. Leur densité est due à la charge appliquée et non à l'aération et est en étroite relation avec le nombre de flagellés.
Ce sont des indicateurs d'effluents de qualité moyenne à faible.

Remarques –Degré de signification : **présence ++/dominance +++**.
Alimentation : bactéries, petits flagellés.

Genre Colpidium

DESCRIPTION

Longueur de 50 à 100 µm ; corps en forme de haricot allongé, parfois ovoïde à l'arrêt ; bouche non apicale ; rayures de cils uniformes ; présence d'une touffe de plus longs cils à l'arrière du corps ; un macronuléus sphérique ; une vacuole contractile ; peut apparaître sombre par un nombre important d'inclusions ; nage lente.

Deux espèces sont rencontrées : *Colpidium campylum* : 50-120 µm, la vacuole contractile n'est pas en position centrale du corps. *Colpidium colpoda* : 100 µm, vacuole contractile en position centrale du corps, corps plus large que *C. campylum*. Peut être confondu avec une petite paramécie.

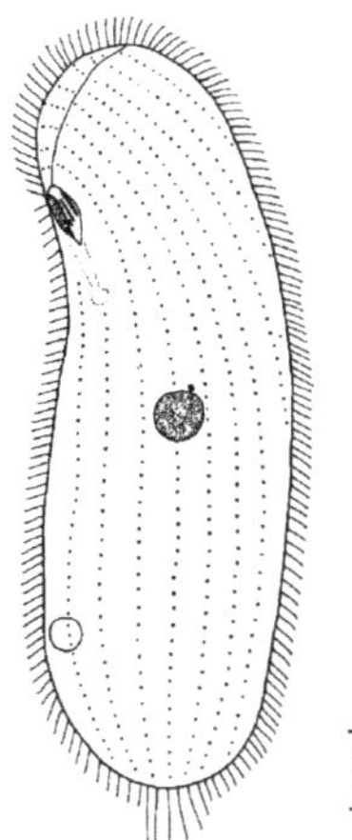

Colpidium campylum

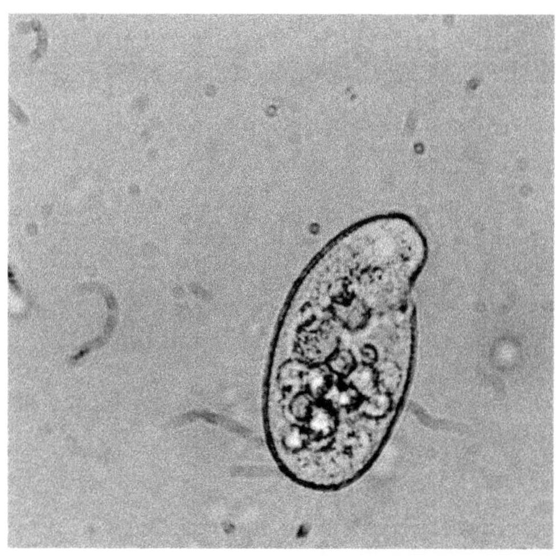

genre Colpidium X 630

INTERPRÉTATIONS

Ce sont des indicateurs d'effluents de qualité moyenne à faible.
C. colpoda est rencontré sur des installations donnant une épuration moyenne à médiocre. Sa présence est liée à une charge plutôt élevée ou à un état transitoire du système.
C. campylum se retrouve pour des charges relativement élevées, mais avec une épuration du carbone correcte.
Leur densité est due à la charge appliquée et non à l'aération et est en étroite relation avec le nombre de flagellés.

Remarques – Degré de signification : **présence ++/dominance +++**.
Alimentation : bactéries et petits flagellés.

Genre Uronema

DESCRIPTION

Taille comprise entre 20 et 35 µm ; corps ovoïde plus ou moins allongé ; bouche non apicale ; ciliature longue et uniforme avec un cil plus important à l'arrière de l'animal ; un macronuléus ; une vacuole contractile terminale ; nage rectiligne très rapide ponctuée d'arrêts assez longs.

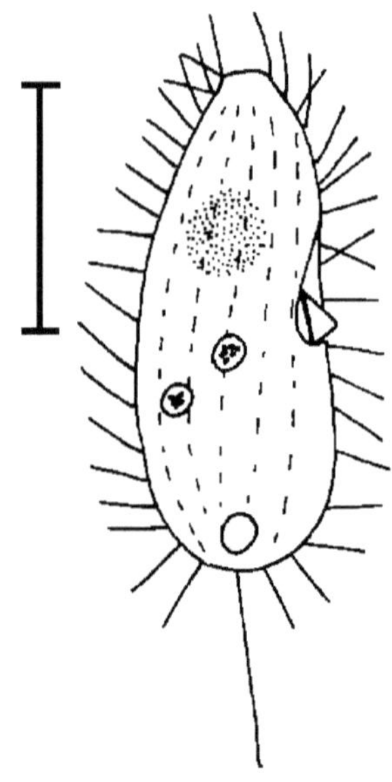

Uronema nigricans

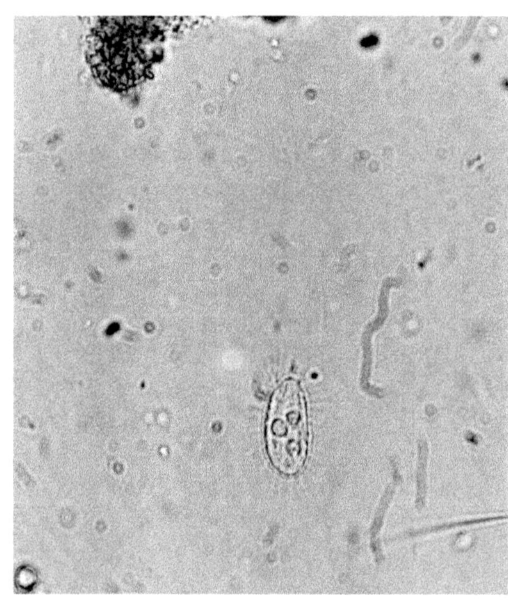

genre Uronema X 630

INTERPRÉTATIONS

Ils sont fréquemment rencontrés sur des installations dont la qualité du traitement est modérée voire faible. Leur développement n'apparaît pas être limité par une aération insuffisante.

Remarques — Degré de signification : **présence +++/dominance +++**.
Alimentation : bactéries.

Tetrahymena pyriformis

DESCRIPTION

Longueur 25 à 90 µm ; corps ovoïde très déformable ; bouche non apicale ; rayures de cils uniformes ; un macronuléus ; une vacuole contractile terminale ; nage lente en spirales.

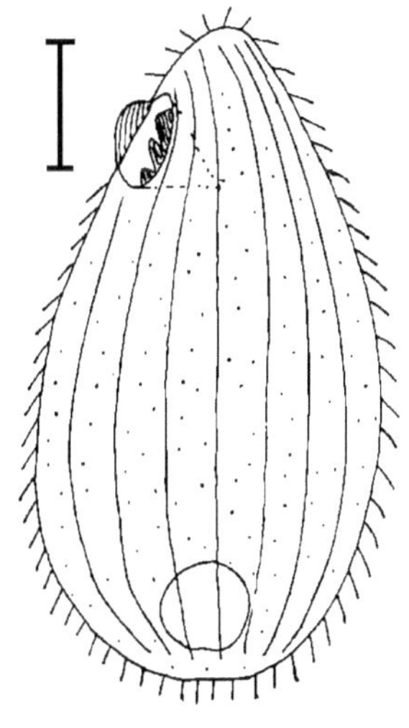

Tetrahymena pyriformis

Fiche
29

INTERPRÉTATIONS

Sa présence est généralement associée à des effluents traités de qualité médiocre. On le rencontre uniquement sur des installations à charge élevée.
C'est un indicateur d'une aération suffisante.

Remarques – Degré de signification : **présence +/dominance +++**.
Alimentation : matière organique soluble, bactéries. Très rare en aération prolongée.

Glaucoma scintillans

DESCRIPTION

Taille 40 à 80 µm ; corps ellipsoïde ; bouche non apicale ; ciliature uniforme ; un macronuléus sphérique ; une vacuole contractile située dans le tiers postérieur du corps ; apparaît transparent et très lumineux au microscope.

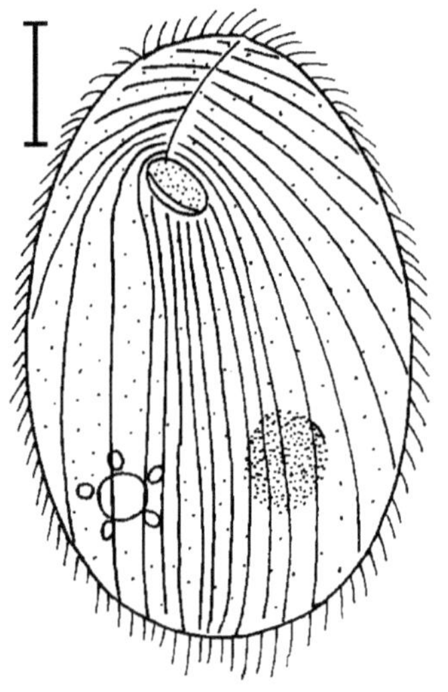

Glaucoma scintillans

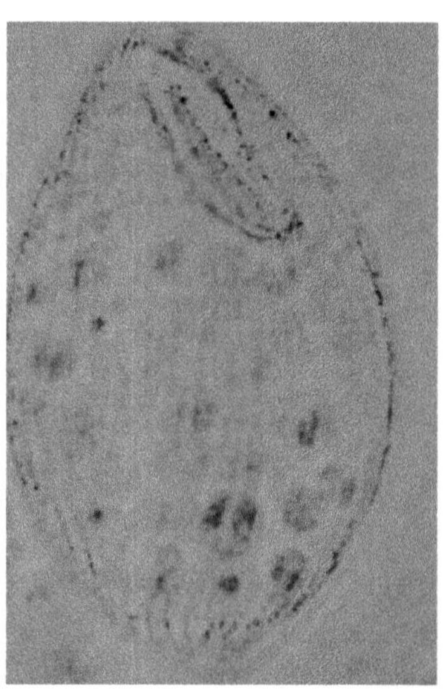

Glaucoma scintillans X 1000

INTERPRÉTATIONS

Ce genre est rencontré sur des installations donnant une épuration moyenne à médiocre. La présence de ces individus est liée à une charge plutôt élevée ou à un état transitoire du système.
Ils supportent de faibles concentrations en oxygène.
Ce sont des indicateurs d'effluents de qualité moyenne à faible.

Remarques — Degré de signification : **présence +/dominance -**.
Alimentation : bactéries. Faune souvent présente en boues activées mais jamais dominante.

Genres *Prorodon* & *Holophrya*

Description

Genres difficilement identifiables par manque de caractéristiques visibles (Holotriches à symétrie axiale, déformable…).
Longueur de 100 à 200 µm ; bouche apicale ; un macronuléus central ; une vacuole terminale ; rayures de cils uniformes ; corps déformable ; nage rapide.
Prorodon : corps ovoïde allongé et déformable ; touffe de cils terminale ; présence de brosses (ou cils tactiles) au niveau de la bouche (difficilement observable) ; coloration jaunâtre à orangée fréquente. *Holophrya* : corps rond.

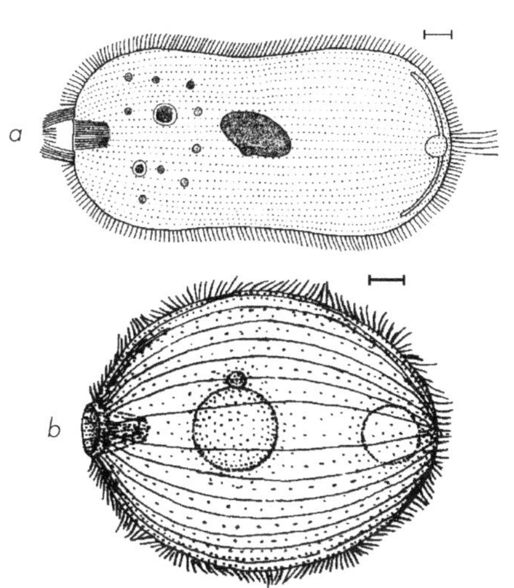

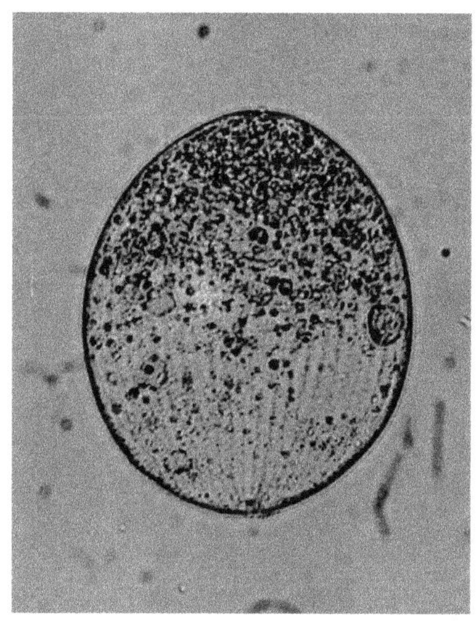

a : *Prorodon teres* ; b : *Holophrya simplex*

genre Holophrya X 400

Interprétations

Leur présence est souvent révélatrice d'un bon degré de traitement avec une qualité de l'effluent final correcte et une faible concentration en azote ammoniacal (processus de nitrification a priori bien établi).

Remarques – Degré de signification : **présence +/dominance +**.
Alimentation : carnivore.

Genre Vaginicola

DESCRIPTION

Forme caractéristique ; une couronne ciliaire comme tous les péritriches mais absence de pédoncule ; animal vivant dans une carapace transparente (*Lorica*) en forme de cône et fixée au floc ; corps contractile.

Deux espèces sont rencontrées. *V. striata* : 55 µm de long ; corps allongé et cylindrique ; un animal par Lorica. *V. crystallina* ; 120 µm de long ; corps en forme de "trompette"; deux animaux par *Lorica* dont un plus court que l'autre.

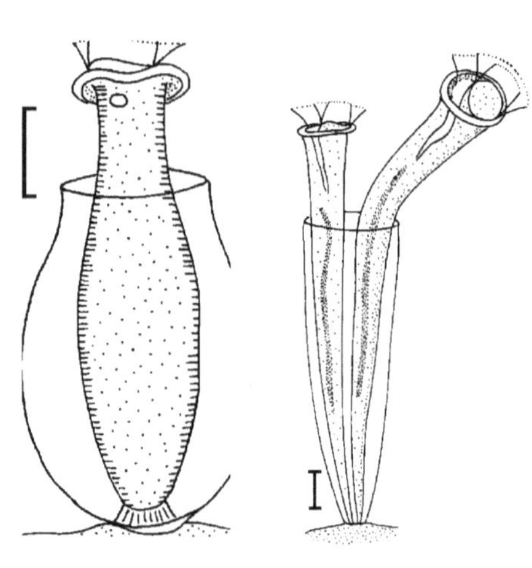

V. striata   V. crystallina

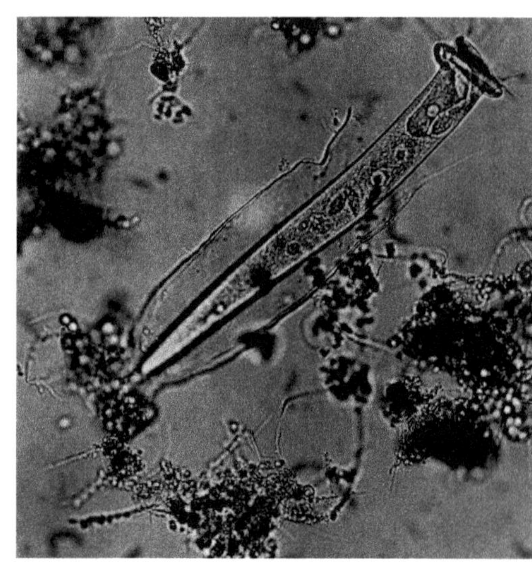

Vaginicola crystallina X 250 (un individu cache le second)

INTERPRÉTATIONS

Développement périodique sur des installations fonctionnant en faible charge dont les effluents traités sont de bonne qualité.
Vaginicola crystallina indique un système bien oxygéné dont le processus de nitrification est performant.

Remarques —Degré de signification : *V. striata* : **présence +/dominance ++ (rare)** ;
V. crystallina : **présence ++/dominance +++ (rare)**. Alimentation : bactéries libres.

Genre *Opercularia*

DESCRIPTION

Longueur des individus de 40 à 120 µm suivant l'espèce ; vie en petite colonie (3 à 20 individus) ; corps en forme de vase allongé ; couronne de cils très étroite ; un macronucléus plus ou moins en forme de "C" ; une vacuole contractile ; pédoncule épais sans myonème donc non rétractile ; pouvant être segmenté strié et de longueur variable suivant l'espèce.

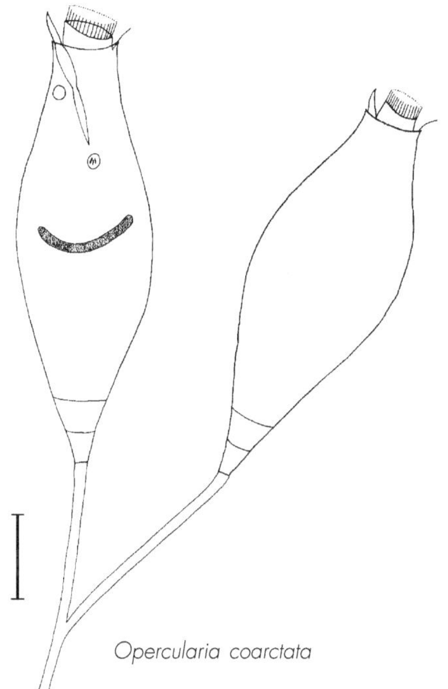

Opercularia coarctata

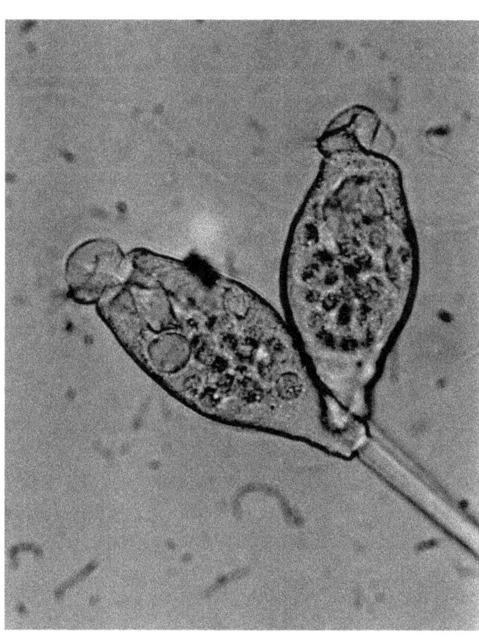

genre Opercularia X 400

INTERPRÉTATIONS

Présent sur des installations aux charges élevées (âge de boue faible) ou traitant des effluents difficilement biodégradables (effluents industriels). Ce genre est résistant à certains toxiques (sels…), à des pH acides et à une sous-oxygénation prolongée. C'est un indicateur d'un rendement épuratoire médiocre à bon dont l'effluent traité peut être encore chargé en pollution organique et en NH_4^+ (large créneau en qualité de sortie s'il est seulement présent).

Remarques — Degré de signification : **présence +/dominance +++**. Alimentation : bactéries libres.
Espèces couramment rencontrées : *O. coarctata*, *O. microdiscum*, *O. minima*.

Epistylis rotans

DESCRIPTION

Longueur des individus de 70 à 100 µm ; vie en colonies ; corps en forme de vase ; partie antérieure nettement bombée et entourée d'une couronne de cils large ; un macronuléus en forme de "C" ; une vacuole contractile proche de la cavité buccale ; pédoncule sans myonème (donc non rétractile), segmenté et strié longitudinalement.

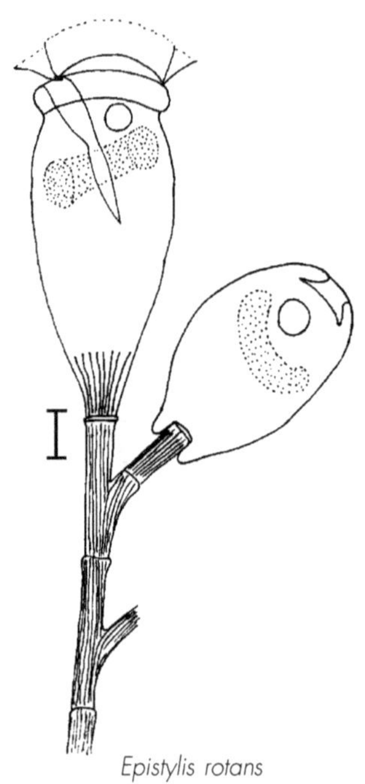

Epistylis rotans

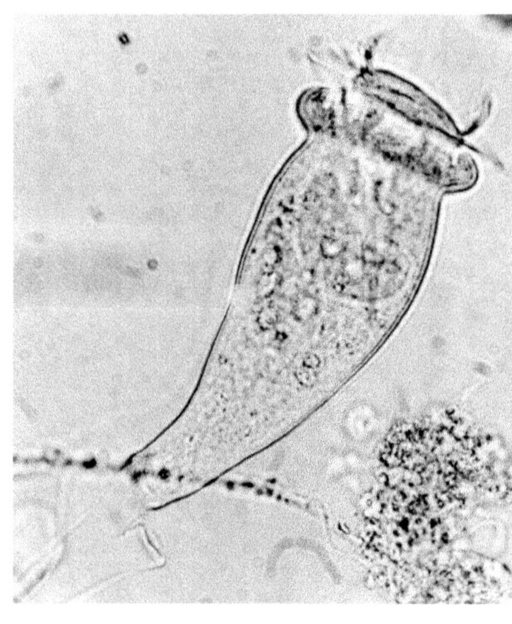

Epistylis rotans X 630

INTERPRÉTATIONS

Leur présence est associée à un fonctionnement correct et stable de l'installation. Leur développement est corrélé à de longues périodes d'anoxie associées dans l'ensemble à une fourniture d'oxygène suffisante.
En bassin unique, c'est un indicateur d'effluents traités de très bonne qualité.

Remarques – Degré de signification : **présence +/dominance +++**.
Alimentation : bactéries libres. Présence commune.

Epistylis plicatilis

DESCRIPTION

Longueur 70 à 160 µm pour les individus, jusqu'à 3 mm pour la colonie ; corps en forme de "cloche" allongée ; couronne de cils large ; un macronucléus en forme de "C" ; une vacuole contractile proche de la cavité buccale ; les individus contractés ont des plis caractéristiques à l'extrémité postérieure ; pédoncule sans myonème (donc non rétractile), ni segmenté, ni strié ; ramification dichotomique du pédoncule.

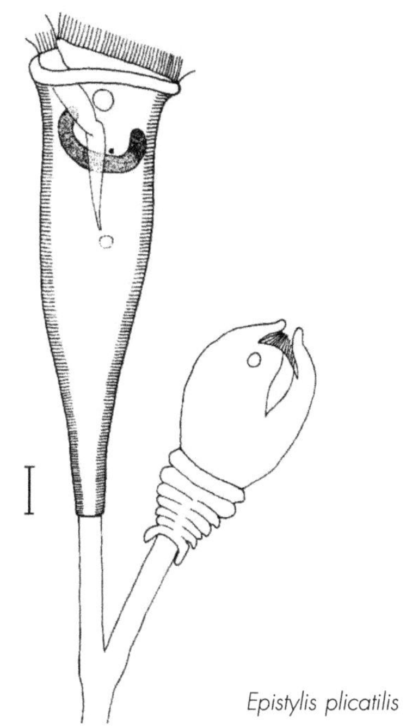

Epistylis plicatilis

INTERPRÉTATIONS

Leur présence est associée à un fonctionnement correct et stable de l'installation. Leur développement est corrélé à de longues périodes d'anoxie associées, dans l'ensemble, à une fourniture d'oxygène suffisante. Ce genre est présent dans des boues fortement concentrées ayant un taux de MVS élevé.

Indicateur d'un bon traitement de la charge organique et du NH_4^+, il est rarement présent pour des effluents traités de très bonne qualité. Cette espèce est typique des stations à zone d'anoxie ou à zone anaérobie.

Remarques – Degré de signification : **présence +/dominance +++**.
Alimentation : bactéries libres. Présence commune.

Genre Vorticella

Le genre *Vorticella* est composé d'un grand nombre d'espèces aux caractéristiques morphologiques plus ou moins facilement identifiables.

Selon les espèces, les conditions de milieu peuvent être très différentes. Il convient donc d'être prudent sur leur interprétation et d'arrêter une conclusion si l'ensemble des autres facteurs observés sont corrélés.

Par simplification, les vorticelles seront découpées, ici, en deux groupes suivant la taille de leur pédoncule, une interprétation sommaire pouvant être ainsi retenue :
– les vorticelles à pédoncule court, soit inférieur à deux fois la tête, fiche 36 a ;
– les vorticelles à pédoncule long, soit supérieur à deux fois la tête, fiche 36 b.

DESCRIPTION GÉNÉRALE DU GENRE

Corps de longueur comprise entre 30 à 120 µm ; forme solitaire (un individu par pédoncule) ; corps en forme de "cloche", pouvant être strié ; présence d'un myonème (donc rétractile) ; une couronne de cils plus ou moins large entourant la bouche située au niveau du pôle antérieur ; un macronucléus de forme variée ; une ou deux vacuoles contractiles ; pédoncule de largeur variée, pouvant être strié ou ponctué de tâches.

Remarques – Alimentation : bactéries libres.
Très fréquents en boues activées ; peuvent être la faune dominante.

Vorticelles à pédoncule court

À titre d'exemple, *Vorticella microstoma*

DESCRIPTION

Petite vorticelle de 20 à 60 µm de long ; forme solitaire ; corps de forme sphérique allongée, strié (peu visible) ; pédoncule de longueur inférieure à deux fois le corps ; présence d'un myonème (donc rétractile) ; couronne de cils rétrécie par rapport au corps entourant une région bombée ; un long macronucléus placé verticalement dans l'axe du corps ; une vacuole contractile proche des cils.

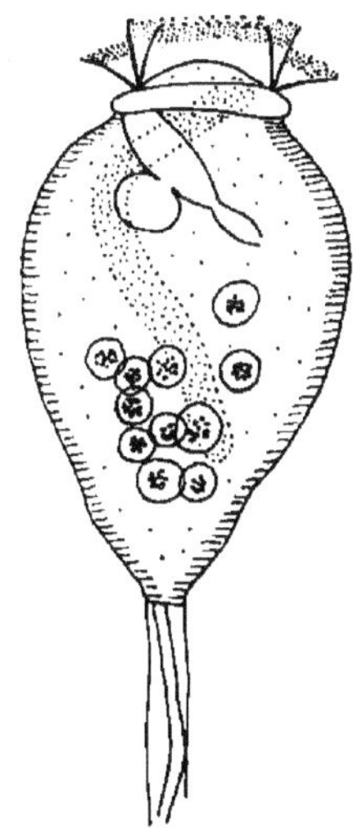

Vorticella microstoma

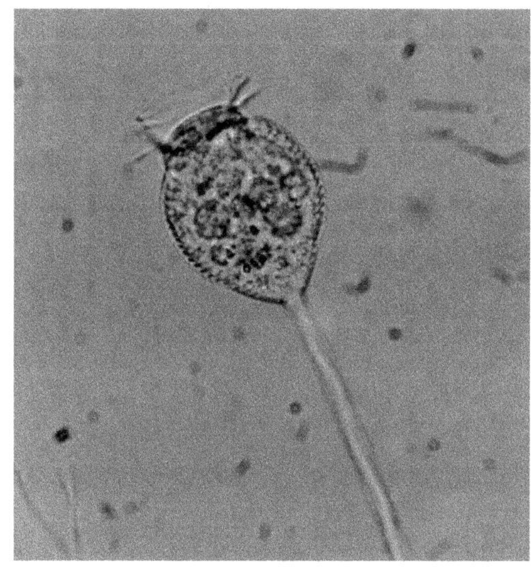

Vorticella microstoma X 630

INTERPRÉTATIONS

Présents dans des eaux interstitielles encore chargées en bactéries libres, celles-ci pouvant être dues à une charge plutôt élevée.
Le niveau de traitement de l'installation est moyen.
Deux exceptions pour ces vorticelles à pédoncule court, *Vorticella communis* et *Vorticella picta*, qui se retrouvent fréquemment dans des eaux interstitielles de bonne qualité.

Remarques – Degré de signification : **présence +/dominance +++**

Autres vorticelles à pédoncule court

Deux exceptions : *Vorticella communis et Vorticella picta*

DESCRIPTION

Vorticella communis :

Petite vorticelle d'environ 30 µm de long ; corps de forme sphérique, lisse et non strié ; couronne de cils ronde et large ; une vacuole contractile.

Vorticella picta :

Petite vorticelle de 40 à 60 µm de long ; corps en forme de vase mais plus souvent difforme, strié ; myonème garni de granules ; couronne de cils large ; un long macronucléus ; deux vacuoles contractiles.

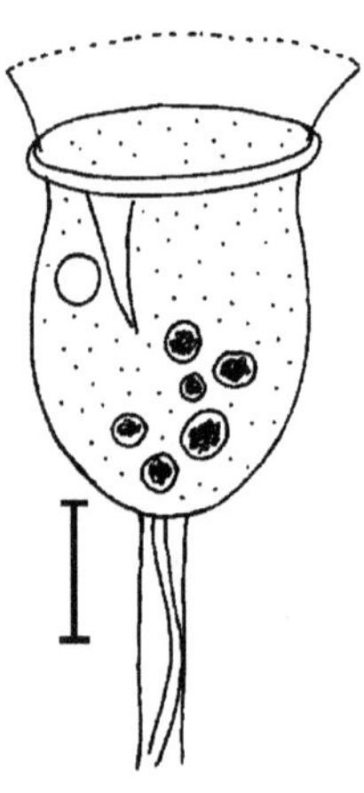

Vorticella communis

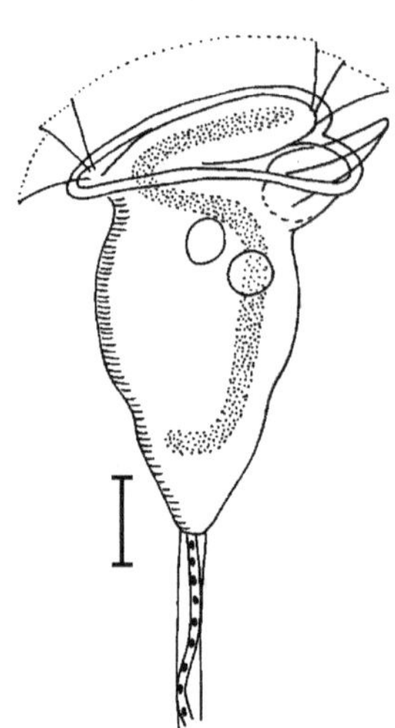

Vorticella picta

Vorticelles à pédoncule long

A titre d'exemple, Vorticella convallaria

DESCRIPTION

Grande vorticelle de 60 à 120 µm de long ; forme solitaire ; corps en forme de "cloche", strié ou non suivant l'espèce ; présence d'un myonème (donc rétractile) ; couronne de cils large ; un long macronucléus de forme variée.

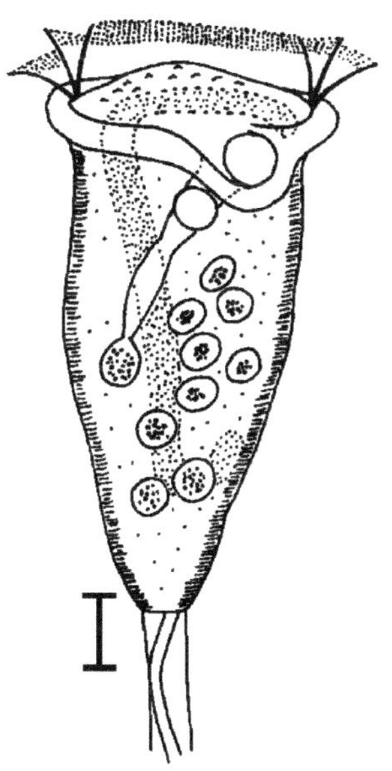

Vorticella convallaria

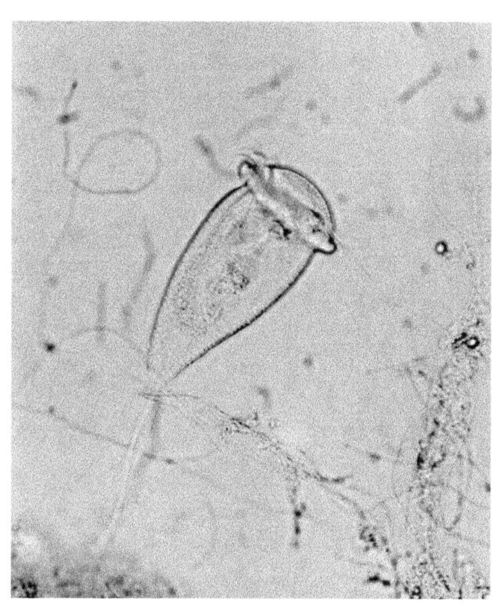

Vorticella convallaria X 400

Fiche
37 a

INTERPRÉTATIONS

Leur présence n'est pas liée à un domaine de charge particulier. Ces espèces sont relativement fragiles à l'apport de toxiques et à un manque d'oxygénation. On les observe sur des installations où l'oxygène est donc plutôt présent en permanence.
C'est un indicateur d'une efficacité épuratrice correcte.
D'une manière générale, la longueur du pédoncule est en relation avec le degré de traitement : plus le pédoncule est long, meilleur est le traitement.

Remarques – Degré de signification : **présence +/dominance ++**

Autres exemples de vorticelles à pédoncule long

DESCRIPTION

Grandes vorticelles de taille supérieure à 60 µm :

Vorticella alba : macronucléus central en forme de "C" ; corps en forme de cloche non strié mais ponctué de granules en rangées verticales (peu visibles) ; couronne de cils large entourant la région buccale bombée.

Vorticella campanula : corps en forme de cloche ; long macronucléus dans l'axe longitudinal du corps ; couronne de cils large ; myonème granuleux ; corps sombre (nombreux granules) cachant la vacuole contractile.

Vorticella fromenteli : corps en forme de "trompette" très allongée et striée ; macronucléus en forme de "C" ; couronne de cils large entourant la région buccale bombée.

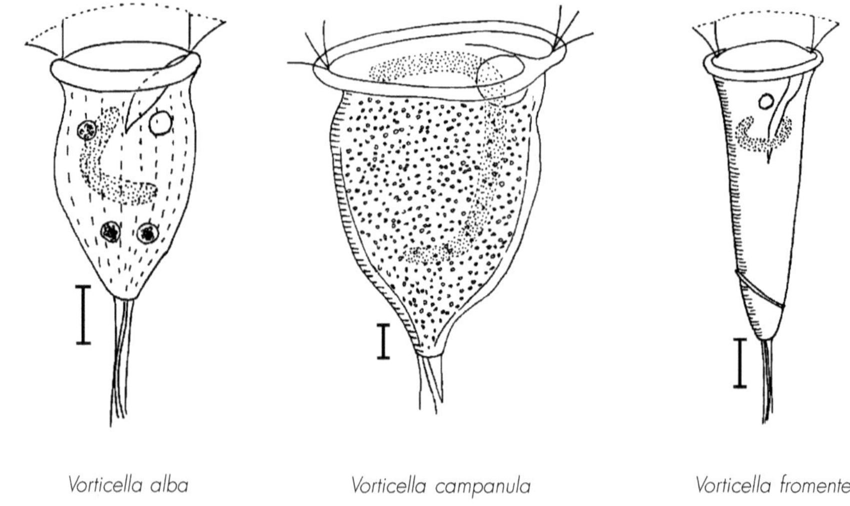

| Vorticella alba | Vorticella campanula | Vorticella fromenteli |

INTERPRÉTATIONS

V. alba : indicateur d'effluent de bonne qualité, nitrification élevée.

V. campanula : typique d'effluents de bonne qualité.

V. fromenteli : c'est l'exception pour les vorticelles à pédoncule long, la qualité du traitement peut être moyenne à médiocre surtout si elles sont dominantes, mais l'aération reste suffisante.

Zoothamnium pygmaeum

DESCRIPTION

Longueur du corps 80 µm ; plusieurs individus par pédoncule ; corps en forme de "cloche"; ciliature buccale large ; pédoncule avec myonème continu au niveau des embranchements (tous les individus se contractent ainsi simultanément) ; macronucléus allongé situé verticalement à la périphérie du corps ; une vacuole contractile près de la cavité buccale.

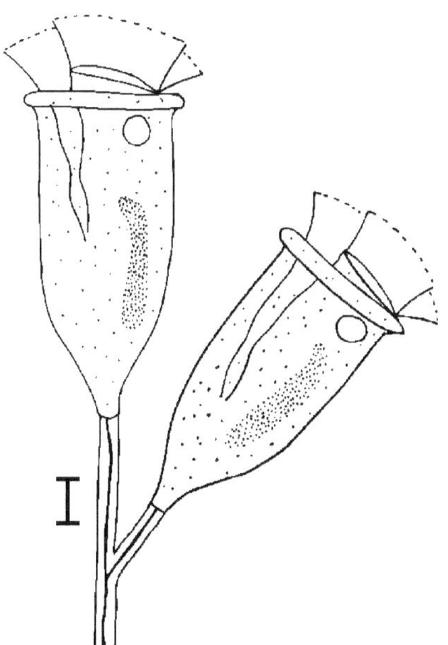

Zoothamnium pygmaeum

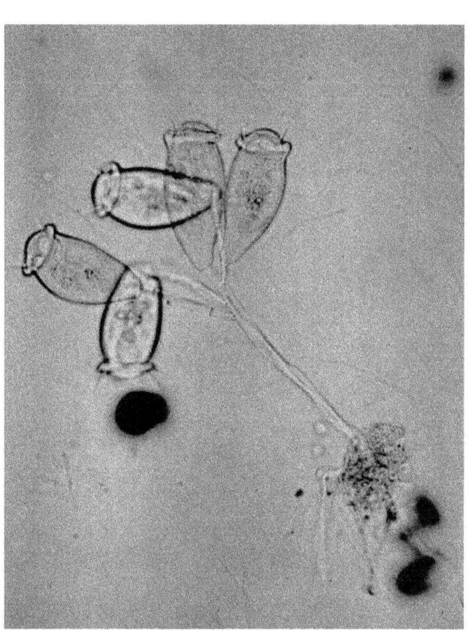

Zoothamnium pygmaeum X 250

Fiche 38

INTERPRÉTATIONS

Indicateur de faible charge, présent sur des installations aux conditions de fonctionnement stables et d'une bonne capacité épuratrice au niveau de la pollution carbonée ; aération permanente.
Indicateur d'effluent traité de bonne à très bonne qualité.

Remarques – Degré de signification : **présence ++/dominance ++**.
Alimentation : bactéries libres.

Carchesium polypinum

Ciliés – Péritriches

DESCRIPTION

Longueur du corps de 80 à 140 µm ; plusieurs individus par pédoncule ; colonies pouvant être très importantes (3 mm de diamètre) ; corps en forme de "cloche" ; ciliature buccale assez large ; pédoncule avec myonème discontinu au niveau des embranchements (chaque individu se contracte ainsi indépendamment) ; pédoncule principal jusqu'à 1 mm de long ; un long macronucléus en forme de "fer à cheval" ; une vacuole contractile près de la cavité buccale.

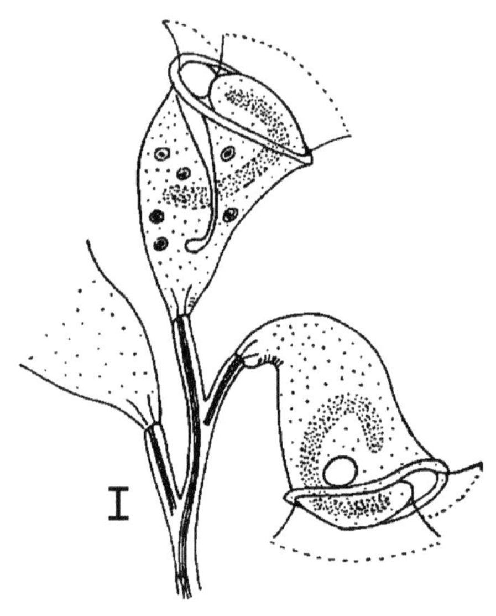

Carchesium polypinum

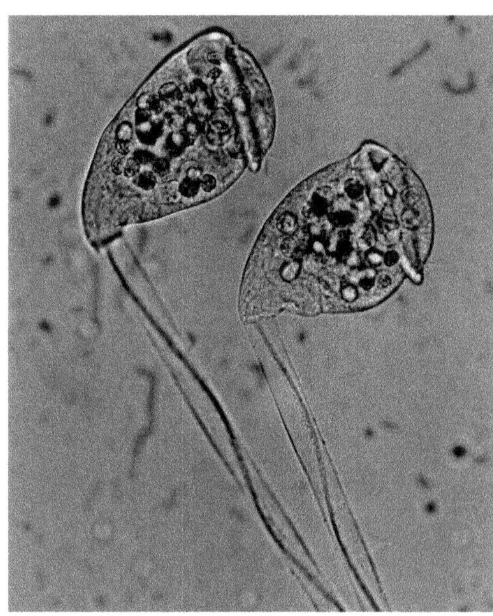

Carchesium polypinum X 400

INTERPRÉTATIONS

Présent sur des installations au fonctionnement stable où le processus de nitrification est bien installé. Ses besoins en oxygène sont importants.
C'est un indicateur d'effluent de bonne voire très bonne qualité.

Remarques — Degré de signification : **présence +/dominance +**.
Alimentation : bactéries libres. Peu fréquent en boue activée.

"Têtes" de Vorticelles

DESCRIPTION

Identique aux Vorticelles mais absence de pédoncule "entier" ; corps en forme de cloche équipé d'une couronne de cils ; individu libre et non fixé ; possibilité d'observation d'un reste de pédoncule au niveau de la partie postérieure du corps ; proche des formes Télotroches et de *Didinium nasutum* mais présence d'une unique couronne de cils.

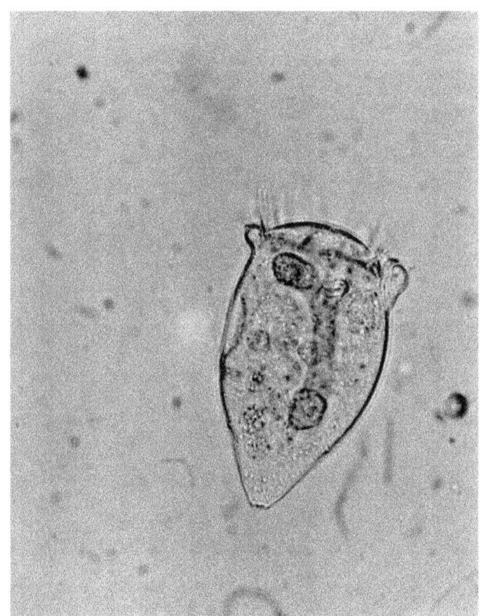 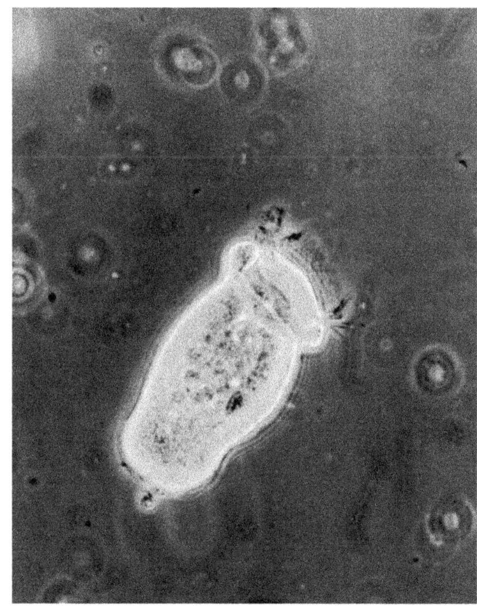

Tête de Vorticelle X 400

INTERPRÉTATIONS

Deux explications sont possibles :
– détachement du pédoncule sous l'influence de phénomènes mécaniques importants tel qu'un brassage violent, lavage de biofiltres…
– séparation volontaire du corps pour devenir mobile lors de conditions limitantes du milieu au niveau de l'alimentation (absence de reste de pédoncule).

Formes Télotroches

Description

Description identique à celle des Têtes de Vorticelles mais présence de deux rangées de cils à la surface du corps ; une couronne ciliaire au niveau de la partie antérieure entourant la bouche et une ceinture de cils située au milieu du corps ; animal très mobile et très rapide ; forme proche de *Didinium nasutum* mais absence d'un cône proéminent au niveau de la bouche.

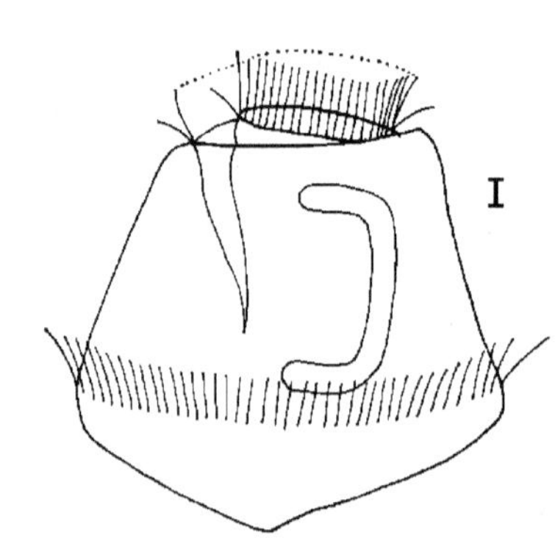

forme télotroche

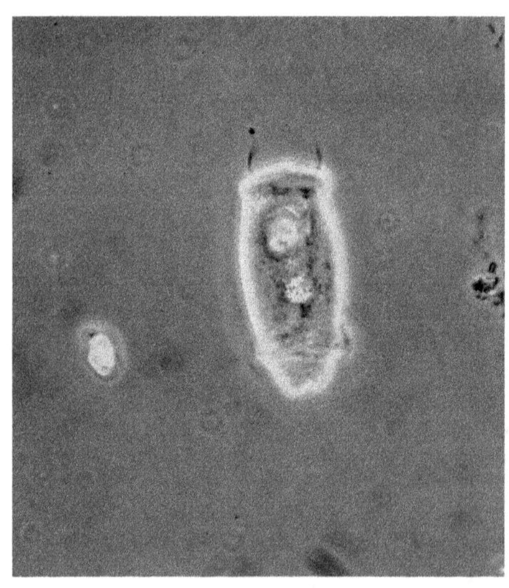

forme télotroche de Vorticelle X 250

Interprétations

Est une forme mobile des péritriches apparaissant dans des conditions défavorables.

Remarques – Degré de signification : **présence +/dominance** -. Attention, d'autant plus abondant que le relèvement n'est pas frais. Déplacement nécessaire vers un milieu plus riche en nourriture, en oxygène…

Genre Stentor

DESCRIPTION

Longueur 250 µm à 1 mm , peut atteindre 2 mm ; en extension, corps en forme de trompette ; contracté, corps plus ou moins sphérique ; une vacuole contractile ; cils plus longs au niveau de la tête ; généralement mobile, mais peut se fixer au floc temporairement ; nage rapide.
En contraction il peut être confondu avec un gros holotriche.

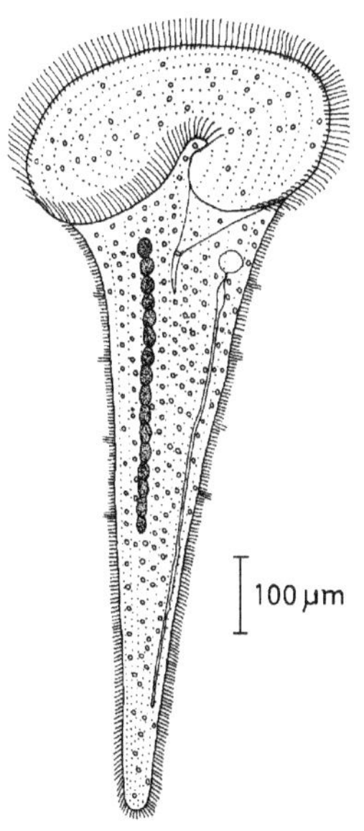

Stentor polymorphus

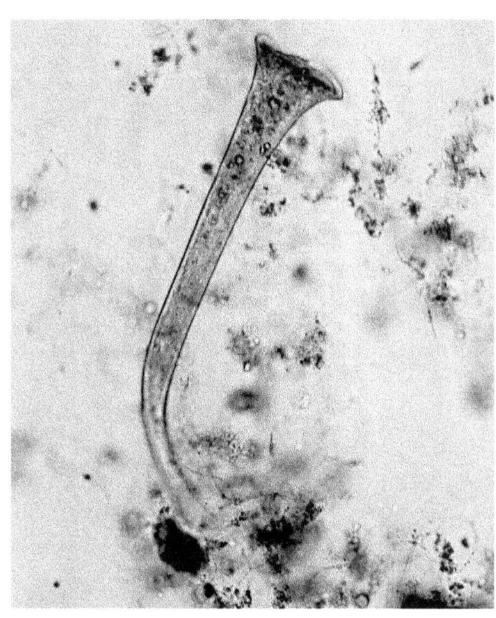

genre Stentor X 100

Fiche
42

INTERPRÉTATIONS

Indicateur d'effluent traité de très bonne qualité.

Remarques — Degré de signification : **présence +++/dominance -.**
Alimentation : bactéries, flagellés, petits ciliés. Rarement rencontré.

Spirostomum teres

DESCRIPTION

Longueur 150 à 400 µm ; corps allongé et cylindrique ; ciliature uniforme ; bouche en forme d'entaille située au tiers supérieur du corps ; partie postérieure relativement carrée, occupée par une grosse vacuole contractile ; silhouette caractéristique.

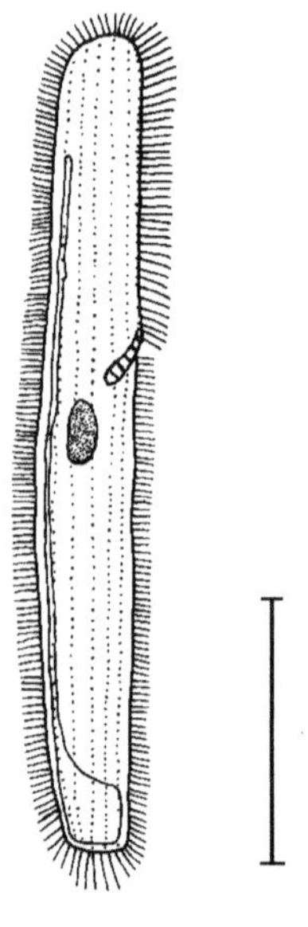

Spirostomum teres

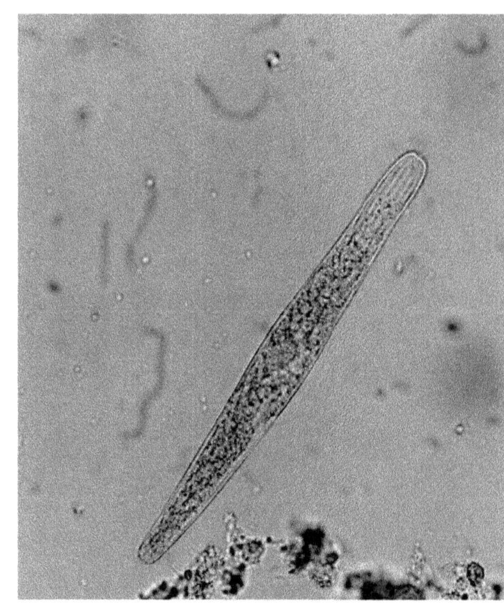

Spirostomum teres X 250

INTERPRÉTATIONS

Plutôt indicateur d'effluent de bonne qualité.

Remarques — Degré de signification : **présence +/dominance ++** (mais signification encore incertaine). Alimentation : flagellés. Peu fréquent en boues activées..

Aspidisca costata

DESCRIPTION

Longueur de 25 à 45 µm ; corps ovoïde et aplati dorso-ventralement ; animal peu déformable ; la face dorsale possède cinq sillons foncés très visibles ; en vue latérale, animal bosselé ; très mobile, nage ou reptation sur le floc ; en vue de dessus, cinq cirrhes dépassent à l'arrière de l'animal ; apparaît globalement assez sombre à l'observation.

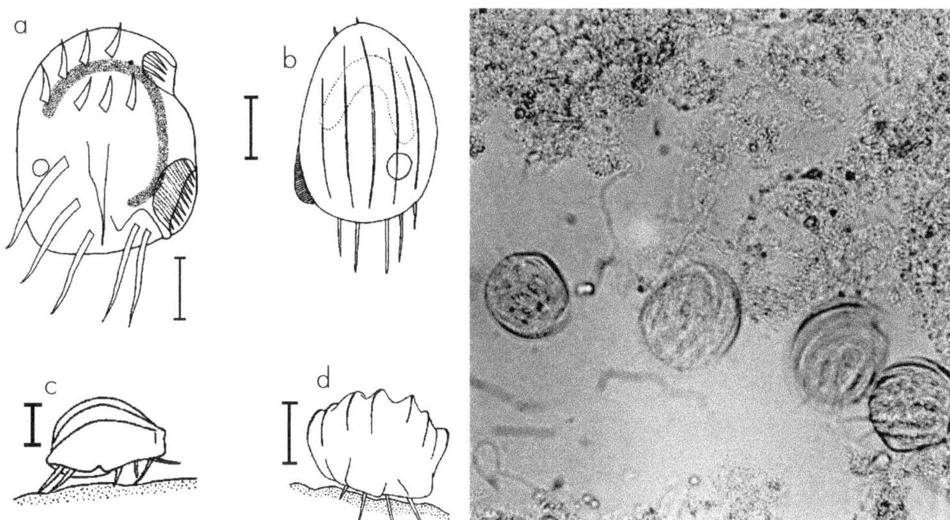

A. *costata* (vues a : ventrale, b : dorsale, c : latérale, d : postérieure)

Aspidisca costata X 400

Fiche 44

INTERPRÉTATIONS

Très fréquemment rencontré et pouvant être la faune dominante, il est présent sur tous les types de boues activées au fonctionnement stable. Son abondance est généralement liée à une forte charge. C'est un animal relativement résistant à une sous-aération, aux toxiques ou effluents à traiter spéciaux.

Sa présence ne donne aucune indication sur la qualité du traitement.

Remarques – Degré de signification : **présence –/dominance ++**. Appelé par certains auteurs *Aspidisca cicada* ou *Aspidisca sulcata*. Alimentation : bactéries agglomérées. Animal brouteur de floc.

Autres Aspidisca

DESCRIPTION

Même allure générale qu'*Aspidisca costata* mais de taille pouvant être supérieure (30 à 55 µm) et d'apparence plus transparente ; face dorsale non bosselée ; plusieurs espèces peuvent être rencontrées :
– *Aspidisca lynceus* : face dorsale plate présentant uniquement trois sillons foncés.
– *Aspidisca turrita* : face dorsale plate pourvue d'aucun sillon mais présence d'une épine.

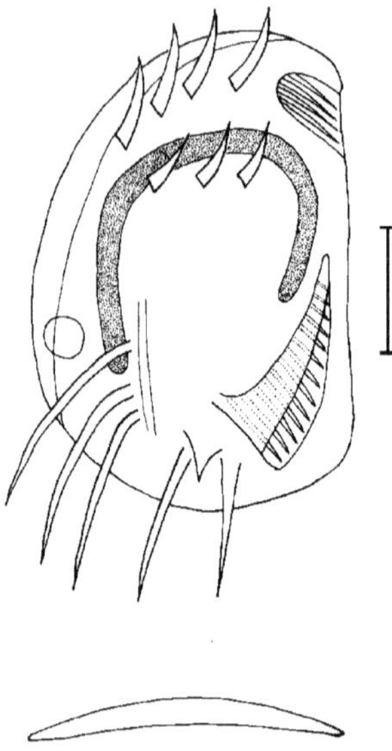

A. lynceus (vue ventrale - schéma en coupe latérale)

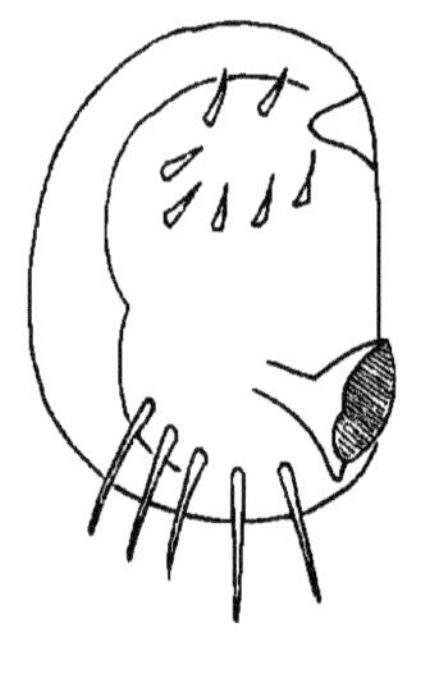

A. turrita (vue ventrale - vue latérale)

INTERPRÉTATIONS

Ce sont des indicateurs d'un haut niveau de traitement entraînant des effluents traités de très bonne qualité. Leur présence indique une nitrification stable et durable sur l'installation. Ils ne supportent pas les concentrations même moyennes en ammoniaque.
Ils ne peuvent se développer en présence de bassin d'anoxie (teneur en ammoniaque pouvant être importante).

Remarques – Degré de signification : **présence ++/dominance +++**.
Alimentation : bactéries agglomérées ; animal brouteur de floc. Peu fréquent ; espèces rarement dominantes.

Genre Euplotes

DESCRIPTION

Petit hypotriche de taille variable suivant l'espèce mais comprise entre 50 et 200 µm ; corps aplati dorso-ventralement et légèrement allongé ; cinq à sept sillons foncés bien visibles sur la face dorsale ; présence d'une longue fente bordée de cils sur la moitié du corps (appareil buccal) ; nombreux cirrhes sur la face ventrale.

Peut être confondu avec *Aspidisca costata* mais taille plus grande, corps plus allongé, fente buccale ciliée bien visible et aucune bosse apparente (ce sont des stries).

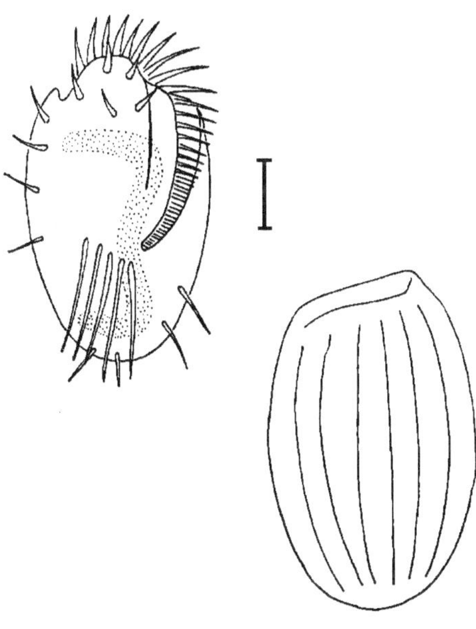

Euplotes moebius (vue ventrale - vue dorsale)

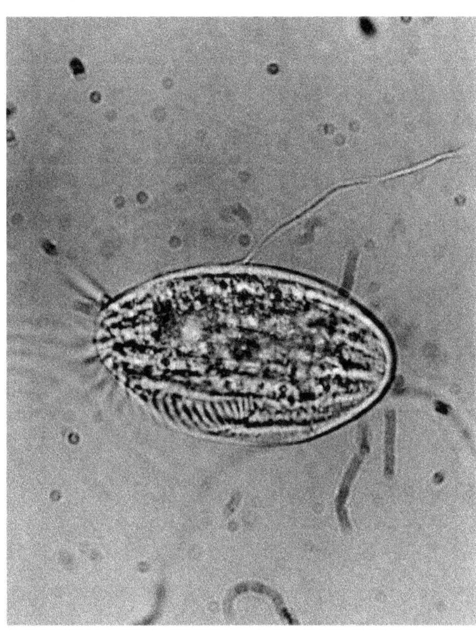

genre Euplotes X 600

Fiche
46

INTERPRÉTATIONS

Présent dans des systèmes stables de moyenne à faible charge, avec un développement important lorsque la charge diminue et que l'apport d'oxygène est largement suffisant. Indicateur d'un traitement poussé du carbone et d'une nitrification au moins partielle (toutefois, une espèce a été observée dans une moyenne charge très aérée, sans aucune nitrification).

Remarques – Degré de signification : **présence +/dominance ++**.
Alimentation : bactéries et petits flagellés.

Oxytriches

DESCRIPTION

Grands hypotriches de taille supérieure à 100 µm ; corps aplati dorso-ventralement et allongé ; fente buccale bordée de cils bien visibles ; nombreux cirrhes sur la face ventrale.
Plusieurs genres sont rencontrés tel que *Stylonichia, Histriculus, Tachysoma, Oxytricha.*

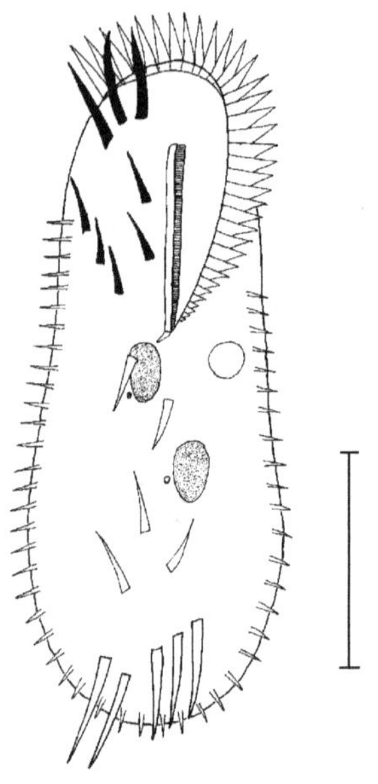

Oxytricha fallax

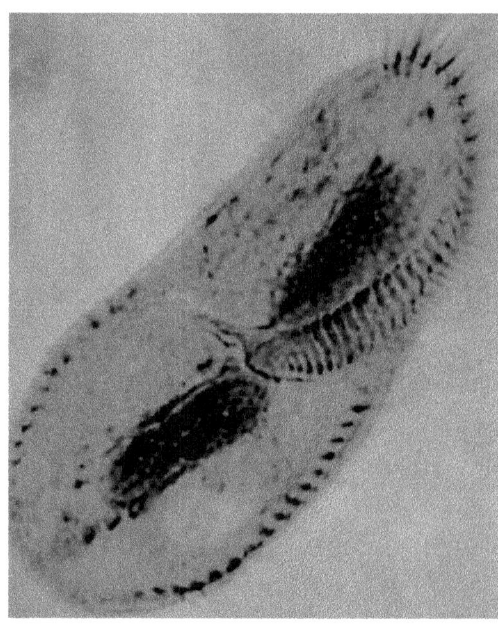

genre Histriculus X 600

INTERPRÉTATIONS

Leur présence est liée à un âge de boue élevé. Ils se rencontrent principalement sur des installations sous-chargées et pour des eaux de sortie aux qualités assez larges.
Histriculus est présent uniquement dans des effluents traités de très bonne qualité.

Remarques – Degré de signification : **présence ++/abondance ++**.
Alimentation : bactéries, flagellés. Peu fréquents et rarement abondants.

Genre Tokophrya

DESCRIPTION

Longueur du corps de 50 à 70 µm ; pédoncule souple ; corps en forme de pyramide ; tentacules disposés en touffes distinctes - un macronucléus ; une vacuole contractile.

Deux espèces – *T. mollis* : deux touffes de tentacules ; macronucléus très allongé dans l'axe du corps ; vacuole contractile centrale.

   – *T. quadripartita* : extrémité antérieure du corps carrée ; quatre touffes de tentacules ; macronucléus ovale et central ; vacuole contractile dans la région antérieure du corps.

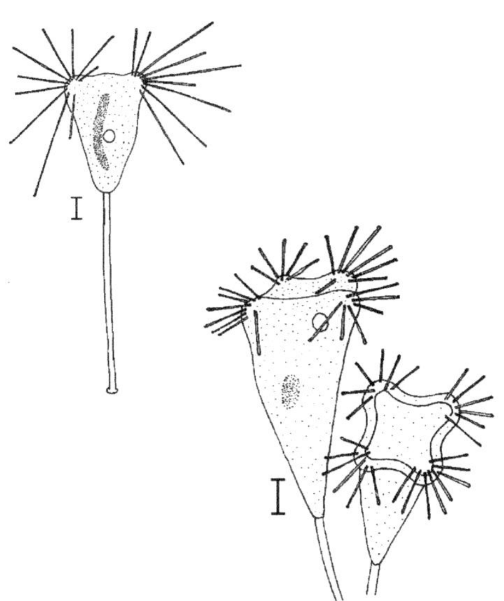

T. mollis   T. quadripartita

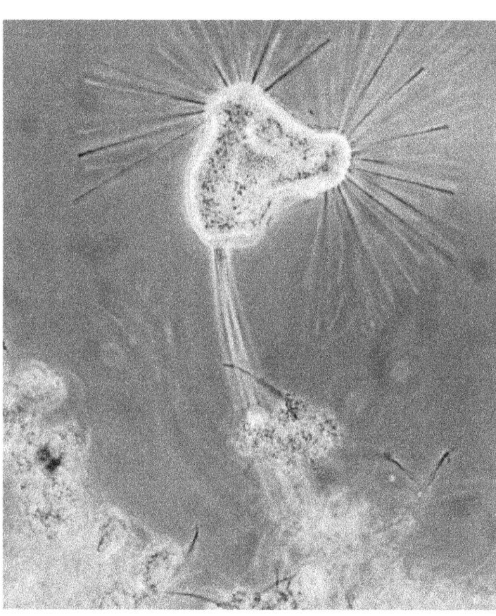

Tokophrya quadripartita X 400

INTERPRÉTATIONS

Présent quel que soit le degré d'épuration du système.

Remarques – Degré de signification : **présence +/dominance -**.
Alimentation : protozoaires nageurs.

Genre Acineta

DESCRIPTION

Taille variable suivant l'espèce ; corps en forme de pyramide ; deux touffes de tentacules distinctes ; une vacuole contractile ; un macronucléus. Trois espèces sont rencontrées :
– *A. cuspidata* - 30 à 50 µm de long ; pédoncule très court, macronucléus central et rond ; vacuole contractile postérieure ; le cytoplasme ne remplit pas entièrement le corps.
– *A. foetida* - 60 µm de long ; pédoncule court et strié longitudinalement près du corps ; macronucléus central et oval ; une vacuole contractile antérieure ; le cytoplasme remplit entièrement le corps.
– *A. grandis* - 200 à 300 µm de long ; pédoncule très long (1 mm) ; une vacuole contractile centrale - macronuléus en forme de "C" ; le cytoplasme ne remplit pas entièrement le corps.

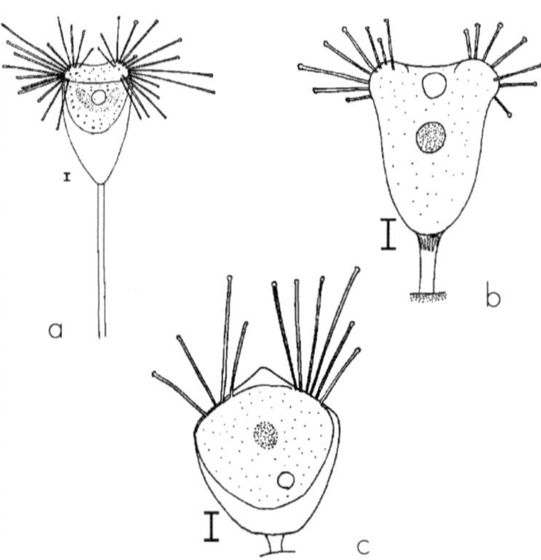

a : A. grandis ; b : A. foetida ; c : A. cuspidata

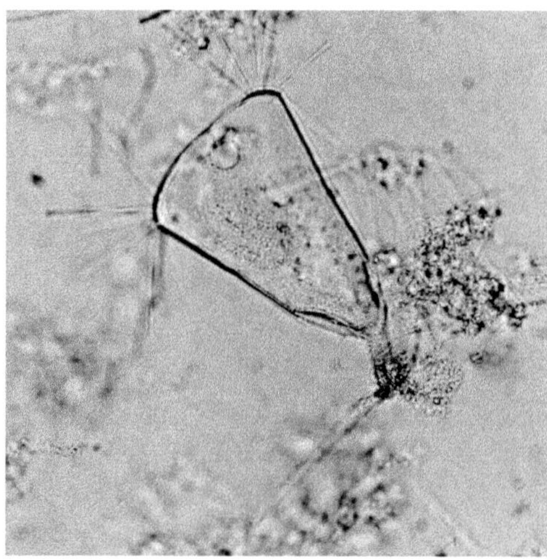

Acineta foetida X 400

INTERPRÉTATIONS

A. grandis et *A. cuspidata* se rencontrent sur des installations dont l'effluent traité est de très bonne qualité (concentration en NH_4^+ inférieure à 10 mg/l).
Par contre, *Acineta foetida* se développe sur des sites dont l'effluent traité est de qualité modérée à faible.

Remarques – Degré de signification : **présence +(+)/dominance -**.
Alimentation : autres protozoaires (*Aspidisca - Trachelophyllum* – Péritriches).

Genre *Podophrya*

DESCRIPTION

Diamètre du corps de 10 à 60 µm ; corps sphérique ; tentacules répartis sur l'ensemble du corps ; pédoncule rigide ; un macronucléus ; une vacuole contractile.

Trois espèces sont observées − *P. carchesii* : corps de forme irrégulière maintenu à angle droit sur un pédoncule court ; − *P. maupasi* : pédoncule long strié transversalement uniquement près du corps ; cytoplasme souvent sombre empli de granules ; présence d'une couche gélatineuse couvrant le corps ; − *P. fixa* : pédoncule strié transversalement sur toute sa longueur.

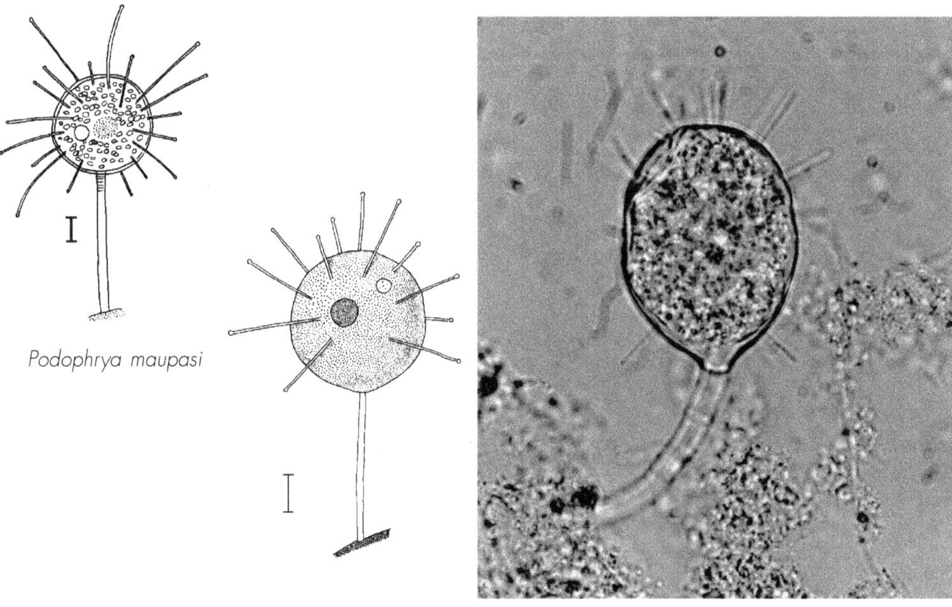

Podophrya maupasi

Podophrya fixa

genre Podophrya X 630

INTERPRÉTATIONS

Généralement indicateur de qualité d'effluent traité modérée.
Une exception : *Podophrya maupasi* qui se développe sur des installations ayant des rejets de bonne qualité.

Remarques − Degré de signification : **présence +/dominance -**.
Alimentation : autres protozoaires nageurs (*Uronema - Colpidium…*).

Genre Sphaerophrya

DESCRIPTION

Diamètre du corps de 25 à 50 µm ; corps totalement sphérique ; absence de pédoncule ; tentacules répartis sur l'ensemble du corps ; un macronucléus ovale.
Deux espèces sont rencontrées :
– *Sphaerophrya magna* : tentacules fins et longs ; deux vacuoles contractiles.
– *Sphaerophrya pusilla* : diamètre plus petit ; peu de tentacules (7 ou 8) courts et épais ; une vacuole contractile en périphérie du corps.

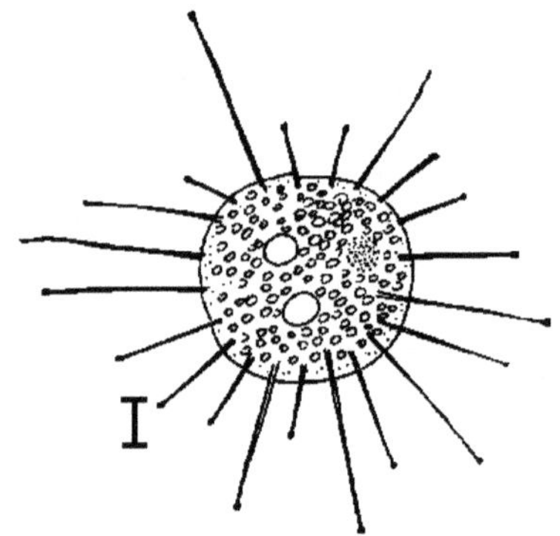

Sphaerophrya magna

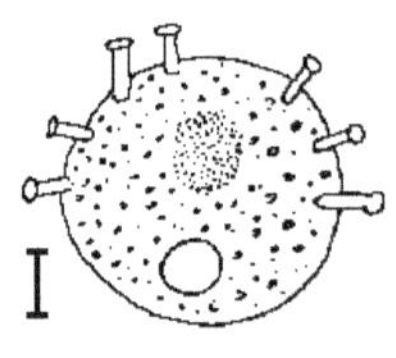

Sphaerophrya pusilla

INTERPRÉTATIONS

Généralement indicateurs d'effluents traités de qualité modérée.

Remarques – Degré de signification : **présence +/dominance -**.
Alimentation : carnivore. Animal libre et non fixé.

Rotifères Digononta

DESCRIPTION

Métazoaires de taille comprise entre 100 et 250 µm ; corps télescopique ; pied plus long que le corps lorsque l'individu est déployé ; présence de deux couronnes ciliaires adjacentes à l'extrémité antérieure (forme de "roues", très visible lorsque l'animal est à l'arrêt) ; pied composé d'un à plusieurs articles suivant la famille ; animal mobile (nage, reptation) ou fixé au floc par son pied ; forme caractéristique lorsque déployé.
Familles les plus rencontrées : *Philodina et Rotaria*.

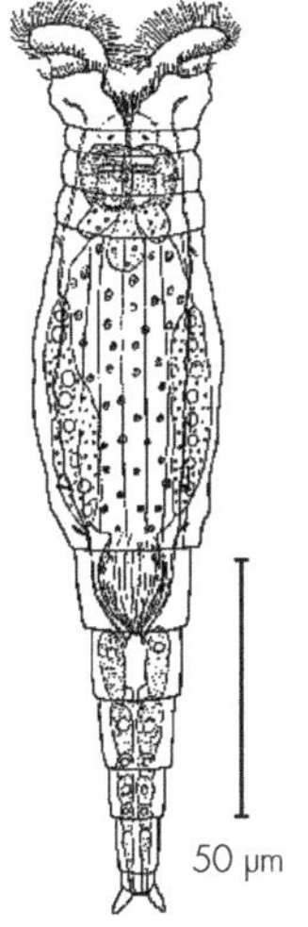

Philodina

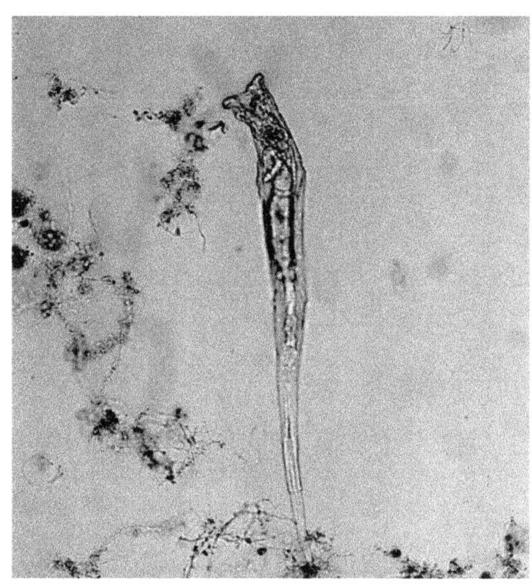

Rotifère Digononta X 100

Métazoaires – Rotifères

Fiche
52

INTERPRÉTATIONS

Très fréquent dans les boues activées ; passagèrement dominant sur des installations sous-chargées.
Présent dans des boues de faible charge et d'âge élevé (15 jours au minimum), mais quel que soit le degré de traitement de l'installation.

Remarques — Degré de signification : **présence ++/dominance ++**.
Alimentation : particules en suspension, bactéries.

Rotifères Monogononta

DESCRIPTION

Métazoaires de taille comprise entre 50 et 300 µm ; distinction tête, corps et pied aisée ; corps non télescopique, comprimé dorso-ventralement ; présence d'une carapace rigide et fine ; pied segmenté plus ou moins rudimentaire ; présence d'un ou deux doigts ; forme caractéristique ; animal le plus souvent mobile. De nombreuses familles existent, les plus couramment rencontrées étant :
– famille des Colurellidés : *Colurella, Lepadella.*
– famille des Lecanidés : *Lecane, Cephalodella.*

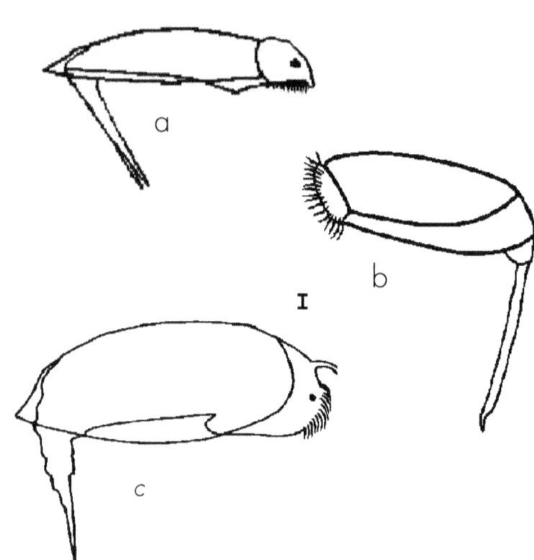

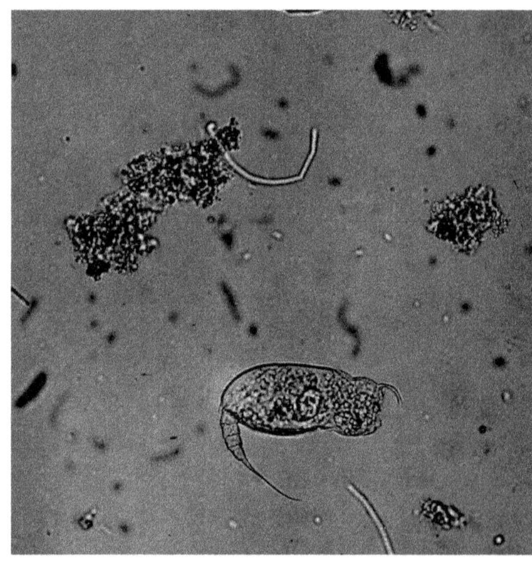

a : *Lepadella* ; b : *Lecane* ; c : *Colurella* (vues latérales)

Colurella X 100

INTERPRÉTATIONS

Sont présents dans les boues de faible charge et d'âge élevé.
Se développent sur des sites traitant des effluents plutôt concentrés.
Ce sont des indicateurs d'un traitement stable et poussé du carbone et de l'azote (nitrification).

Remarques – Degré de signification : **présence ++(+)/dominance +++**

Gastrotriches genre Chaetonotus

DESCRIPTION

Métazoaires de longueur comprise entre 400 µm et 1 mm ; corps de forme allongée, rétréci pour former un "cou" plus ou moins distinct ; face ventrale aplatie et pourvue de soies ; face dorsale garnie d'épines ou d'écailles ; présence d'éperons au niveau de la partie postérieure formant une fourche ; animal très mobile ; nage rapide.

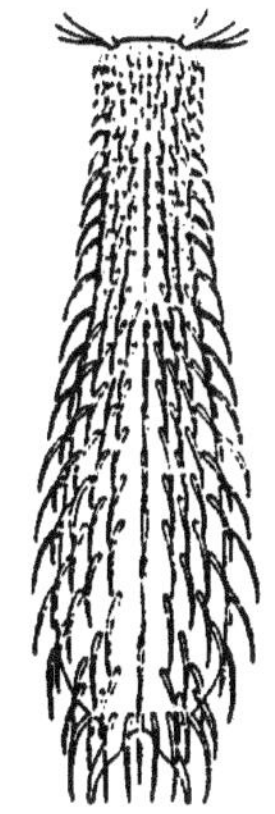

Gastrotriches genre Chaetonotus

INTERPRÉTATIONS

Genre présent sur des installations fonctionnant en très faibles charges.
C'est un indicateur d'une bonne qualité de traitement.

Remarques – Degré de signification : **présence +++/dominance -**. Alimentation : détritivore.
Rare en boues activées ; habitat courant : fond vaseux et détritus stabilisés des eaux naturelles.

Nématodes

DESCRIPTION

Métazoaires de taille variable mais supérieure à 150 μm ; vers dont l'extrémité postérieure est très effilée ; parois lisses - absence de soies (ou "poils") et d'anneaux (corps non segmenté) ; animal très souple et relativement mobile.

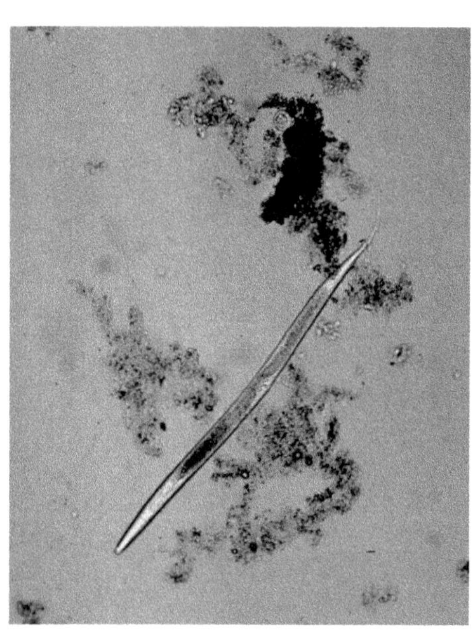
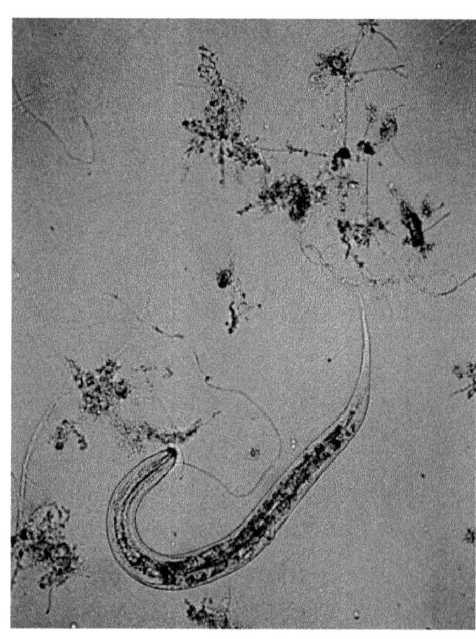

Nématode X 100

INTERPRÉTATIONS

Peuvent être présents en faible quantité dans tous les types d'installation, quel que soit le taux de charge ; assez résistants à la sous-aération du milieu.

Leur présence n'est pas défavorable au processus épuratoire (remaniement important du floc).

On ne peut pas les considérer comme un indicateur de la qualité du traitement. Par contre, en densité importante, ils sont le signe de dépôts dans le bassin d'aération ou le décanteur.

Remarques – Degré de signification : **présence -/dominance ++**. Alimentation : détritivore - certaines espèces sont prédateurs de protozoaires. Sujet à prolifération . Présence fréquente dans les systèmes à cultures fixées.

Tardigrades

DESCRIPTION

Métazoaires de grande taille comprise entre 500 µm et 1 mm ; aspect d'un ver au corps large et cylindrique ; tête distincte du corps ; quatre paires de pattes pourvues de griffes ; silhouette caractéristique.

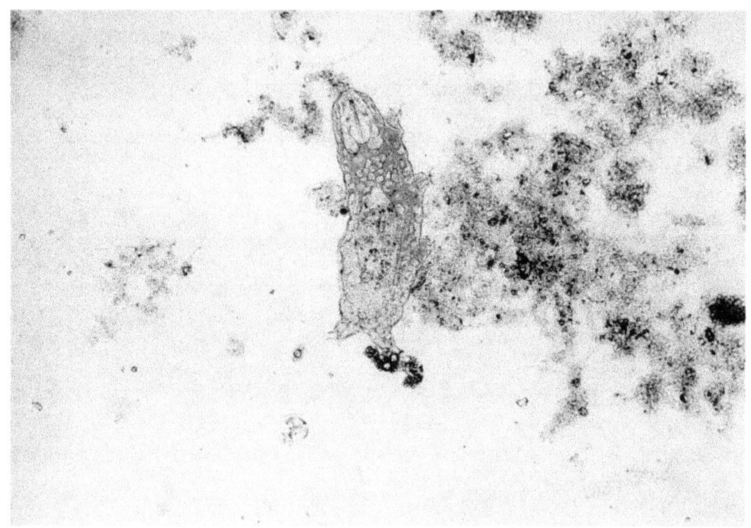

Tardigrade X 100

INTERPRÉTATIONS

On a observé ce genre sur des installations fonctionnant dans le domaine de la faible charge, aux âges de boue très élevés (supérieur à 30 jours), en voie de stabilisation. C'est un indicateur d'une très bonne qualité de l'eau traitée (concentration en DBO_5 et NH_4^+ très faible) ; nitrification très importante.

Remarques — Degré de signification : **présence ++/abondance ++**.
Alimentation : débris végétaux, petits métazoaires. Rare en boue activée.

Oligochètes : genre Aelosoma

DESCRIPTION

Métazoaires de très grande taille, supérieure à 500 µm de long ; vers dont l'extrémité antérieure est très arrondie ; présence de touffes de soies le long du corps ; animal segmenté sous forme d'anneaux ; mobile et souple ; présence possible de tâches pigmentaires rouges sur le corps.

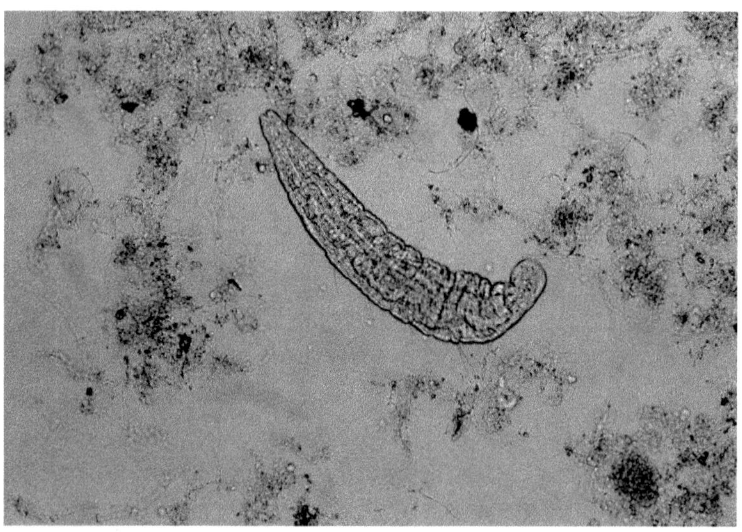

Aelosoma X 100

INTERPRÉTATIONS

Présent uniquement dans des systèmes d'âge de boues élevé, bien stabilisés et de très faible charge.
Indicateur d'une bonne qualité de l'eau de sortie, d'une sur-oxygénation et de la présence de nitrates.

Remarques — Degré de signification : **présence -/dominance ++**. Alimentation : détritivore, floc. Faune rare des boues activées, habitat courant : sédiments minéralisés et stabilisés des eaux naturelles. Présence sporadique mais peut être sujet à prolifération.

Index alphabétique des individus

Systématique simplifiée des individus

EMBRANCHEMENT DES PROTOZOAIRES

Sous-embranchement – *Mastigophora*

Classe	Ordre	Ss-ordre	Famille	Genre espèce	N° fiche
Phytomastigophorea	*Euglenida*			*Anisonema*	4
				Euglena	1
				Notosolenus	4
				Peranema	2
	Chrysomonadida			*Dinobryon*	7
				Monas	5
	Volvocida			*Eudorina*	7
				Volvox	7
Zoomastigophorea	*Diplomonadida*			*Hexamita*	6
				Tetramitus	6
				Trepomonas	6
	Kinetoplastida			*Bodo*	3

Sous-embranchement – *Sarcodina*

Classe	Sous-classes	Ordre	Ss-ordre	Famille	Genre espèce	N° fiche
Actinopodea		*Actinophryida*			*Actinophrys*	8
Rhizopodea		*Amoebina*		*Amoebidae*	*Amoeba proteus*	14
					Amoeba verrucosa	14
					Hartamanella	13
					Mayorella	13
					Vahlkampfia limax	13
		Testacea		*Arcellidae*	*Arcella*	13
					Chlamydophrys	9
					Cochliopodium	9
				Difflugiidae	*Difflugia*	11
				Euglyphidae	*Euglypha*	11

Sous-embranchement – Ciliophora

Classe	Sous-classes	Ordre	Ss-ordre	Famille	Genre espèce	N° fiche
Ciliatea	*Holotrichia*	*Gymnostomatida*	*Rhabdophorina*	*Spathidiidae*	*Spathidium spathula*	15
				Enchelyidae	*Chaenea teres*	17
					Holophrya	31
					Prorodon teres	31
					Trachelophyllum pusillum	16
				Colepidae	*Coleps hirtus*	18
				Didinidae	*Didinum asutum*	19
				Amphiliptidae	*Amphileptus claparedei*	21
					Litonotus	20
					Hemiophrys pleurosigma	22
			Cyrtophorina	*Chilodonellidae*	*Chilodonella cucullulus*	23
					Chilodonella uncinata	23
				Dysteridae	*Trochilia minuta*	24
		Hymenostomatida	*Tetrahymenina*	*Tetrahymenidae*	*Uronema nigricans*	28
					Tetrahymena pyriformis	29
					Glaucoma scintillans	30
					Colpidum	27
			Peniculina	*Parameciidae*	*Paramecium aurelia*	25
					Paramecium caudatum	25
					Paramecium putrinum	25
					Paramecium trichium	25
		Trichostomatida		*Colpodidae*	*Colpoda*	26
	Spirotrichia	*Heterotrichida*	*Heterotrichina*	*Stentoridae*	*Stentor polymorphus*	42
			Lichnophorina	*Spirostomatidae*	*Spirostomum teres*	43
		Hypotrichida	*Sporadotrichina*	*Aspidiscidae*	*Aspidisca costata*	44
					Aspidisca lynceus	45
					Aspidisca turrita	45
				Oxytrichidae	*Histriculus*	47
					Oxytricha	47
					Stylonychia	47
					Tachysoma	47
				Euplotidae	*Euplotes*	46

Sous-embranchement – *Ciliophora (suite)*

Classe	Sous-classes	Ordre	Ss-ordre	Famille	Genre espèce	N° fiche
Ciliatea	*Peritrichia*	*Péritrichida*	*Sessilina*	*Vorticellidae*	forme Telotroches	41
					Têtes de Vorticelle	40
					Vorticella alba	37b
					Vorticella campanula	37b
					Vorticella communis	36b
					Vorticella convallaria	37a
					Vorticella fromenteli	37b
					Vorticella microstoma	36a
					Vorticella picta	36b
					Zoothamnium pygmaeum	38
					Carchesium olypinum	39
				Epistylidae	*Opercularia*	33
					Epistylis plicatilis	35
					Epistylis rotans	34
				Vaginicolidae	*Vaginicola crystallina*	32
					Vaginicola striata	32
	Suctoria	*Suctorina*	*Suctorida*	*Acinetidae*	*Tokophrya mollis*	48
					Tokophrya quadripartita	48
					Acineta cuspidata	49
					Acineta foetida	49
					Acineta grandis	49
				Podophryidae	*Podophrya carchesii*	50
					Podophrya fixa	50
					Podophrya maupasi	50
					Sphaerophrya magna	51
					Sphaerophrya pusilla	51

Sous-embranchement – Rotifères

Sous-classes	Ordre	Famille	Genre espèce	N° fiche
	Monogononta	Lecanidae	Cephalodella	53
			Lecane	53
		Collurellide	Colurella	53
			Lepadella	53
	Digononta	Philodinidae	Philodina	52
			Rotaria	52

Sous-embranchement – Gastrotriches

Sous-classes	Ordre	Famille	Genre espèce	N° fiche
			Chaetonotus	54

Sous-embranchement – Tardigrades

Sous-classes	Ordre	Famille	Genre espèce	N° fiche
				56

Sous-embranchement – Nématodes

Sous-classes	Ordre	Famille	Genre espèce	N° fiche
				55

Sous-embranchement – Annelides

Sous-classes	Ordre	Famille	Genre espèce	N° fiche
Oligochètes		Aelosomidae	Aelosoma	57

Fiche 60

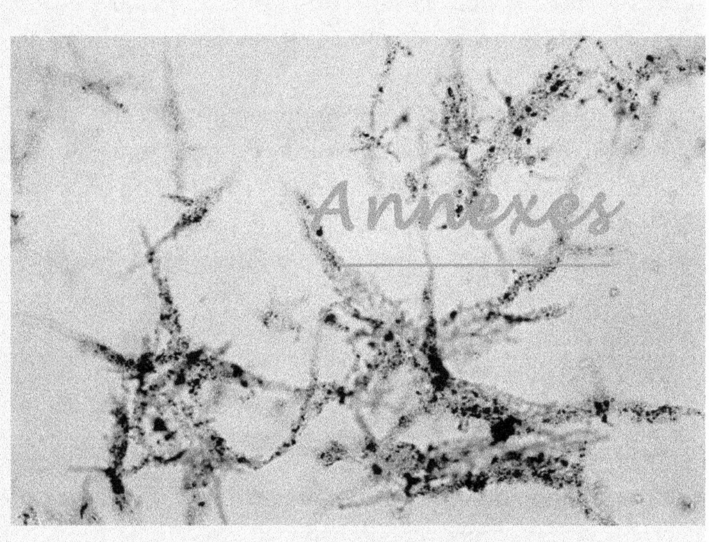
Annexes

1   1

Prélèvement et préparation avant l'observation

L'analyse écologique de la biomasse nécessite l'observation d'échantillons dont les temps de conservation devront être les plus courts possibles, surtout si l'on souhaite effectuer un comptage de la microfaune. Il est donc très fortement conseillé de faire l'observation directement sur le site.

Le prélèvement devra être représentatif de la biomasse développée dans le bassin d'aération. Il doit ainsi être effectué lors d'un brassage important du système. L'endroit idéal est souvent la sortie de l'ouvrage, en évitant de prélever la zooglée qui se développe sur les parois.

L'échantillon est ensuite prêt pour différentes mesures :

– indice de boue

– observation macroscopique

– observation microscopique

Lors de l'observation microscopique, selon la concentration de l'échantillon, une dilution ou une concentration du prélèvement pourra être effectuée, dont il faudra tenir compte lors de son interprétation (densité spécifique, floc).

➤ Le microscope

L'équipement de base pour l'observation microscopique des protozoaires est un microscope équipé :

– d'objectifs de grossissements différents, avec en particulier :

10 X ; 40 X ; et éventuellement 60 X

avec la possibilité d'effectuer

un fond noir sur l'objectif 10 X

un contraste de phase sur les objectifs 40 X et 60 X

– d'un micromètre au niveau de l'oculaire,

– d'un tube binoculaire (pour le confort de l'observation).

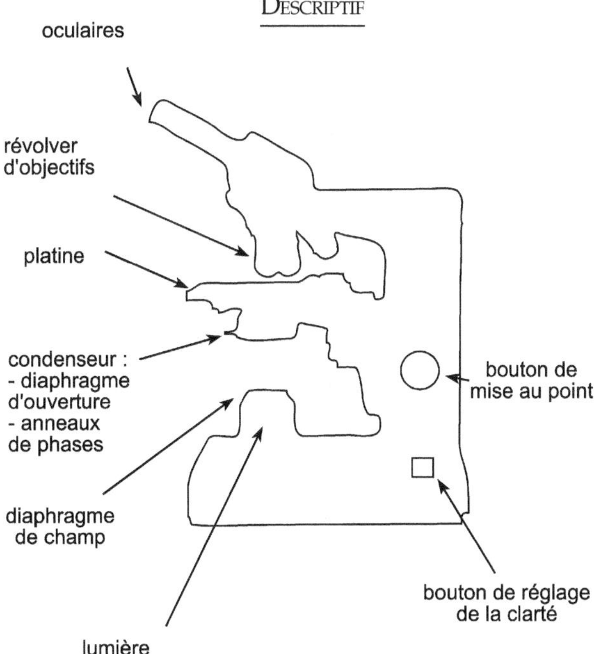

Avant toute observation, le microscope devra être préalablement réglé à partir du principe d'éclairage de Köhler (*Cf.* page suivante).

➤ La mise au point

Le réglage du microscope s'effectue selon le principe d'éclairage de Köhler :

➤ Mise au point d'une préparation avec l'objectif X 10

➤ Centrer l'éclairage :

1. Fermer le diaphragme de champ de lampe,

2. Centrer le point lumineux.

➤ Réglage selon KÖHLER :

1. Ouvrir au tiers ou à demi le diaphragme de champ de lampe
⇨ obtention d'un polygone lumineux

2. Régler la netteté des bords du polygone en modifiant la hauteur du condenseur,

3. Ré-ouvrir le diaphragme de champ de lampe jusqu'au bord du champ visuel.

➤ Commentaires divers

◆ Le grossissement final de l'observation est obtenu par le produit du grossissement fixé par l'oculaire et celui fixé par l'objectif retenu lors de la préparation.
Par exemple :

Oculaire	12,5 X	
Objectif	40 X	donne un grossissement de 500 X

◆ Le condenseur pourra être équipé de différents anneaux de phase spécifiques à chaque objectif. Ces anneaux permettent l'observation:

– en fond clair : visualisation de l'image en lumière directe,
– en fond noir : visualisation de l'image en lumière réfractée,
– en contraste de phase : la résolution est meilleure et liée à un angle différent
des faisceaux lumineux. Elle nécessite une lumière plus puissante que pour le fond noir.

◆ Le diaphragme de champ devra être équipé d'un système de réduction du faisceau lumineux afin de faciliter le réglage optimal (éclairage de Köhler).

◆ La qualité de l'image fournie est dépendante du bon réglage, de la bonne utilisation des anneaux de phase en fonction de l'objectif retenu, du nettoyage des objectifs et de la qualité de la préparation.

◆ Le micromètre permet de mesurer la taille des individus lors de l'observation. Cet équipement est indispensable car l'identification de certains protozoaires s'effectue en grande partie à partir de leur taille.

Deux possibilités sont offertes:

① Une échelle fixée sur l'oculaire.

Il existe différents modèles, celui fréquemment utilisé pour notre demande est une échelle de 10 fois 10 graduations (équivalant à 1 cm).

Selon l'objectif utilisé, la longueur réelle de 10 graduations est obtenue par la formule suivante :

$$\text{Longueur réelle de 10 graduations} = \frac{1000 \ \mu m}{\text{objectif}} \quad \text{soit :}$$

pour l'objectif 10 : la longueur réelle est de 100 μm (1000/10)
pour l'objectif 40 : la longueur réelle est de 25 μm (1000/40)
pour l'objectif 60 : la longueur réelle est de 17 μm (1000/60)

② L'utilisation d'une lame préalablement gravée. Dans ce cas, aucun calcul en fonction de l'objectif utilisé n'est effectué puisque la suspension est déposée directement sur la lame. La précision est moins importante, surtout pour les protozoaires de petites tailles (flagellés).

3

Préparation d'une lame

3

➤ Cas n°1 : Reconnaissance et observation du floc et de la biomasse

❶ Nettoyage de la lame

Elle est présumée sale et sera nettoyée avec un tampon de coton imbibé d'alcool.

❷ Confection de la lame

Il consiste à répartir sur la lame le milieu à observer.

Déposer une goutte de la suspension bactérienne (boue). Si celle-ci est trop concentrée, la diluer préalablement avec de l'eau de sortie ou du robinet, et inversement si sa concentration est faible.

Puis étaler la goutte à l'aide d'une lamelle en la déposant avec un certain angle afin d'éliminer les bulles d'air.

➤ Cas n°2 : Comptage de la microfaune présente

Il nécessite l'utilisation d'une lame spécifique équipée d'un quadrillage et d'un volume connu. La profondeur entre lame et lamelle ne doit pas excéder 0,1 mm.

Il existe différents modèles de cellules de numération sur le marché. À titre d'exemple, nous retiendrons comme modèle la cellule de comptage BURKER à grand carré central et dont la profondeur de champ est de 0,1 mm.

Le réseau est composé de neuf grands carrés de 1 mm^2 chacun, un double trait (0,05 mm d'écart) partage chacun de ces carrés en 16 carrés groupés de 0,2 mm de côté unitaire.

Ce qui donne une surface du réseau de 9 mm^2 et un volume du réseau complet de 9 mm^2 x 0,1 mm = 0,9 mm^3.

Schéma du réseau

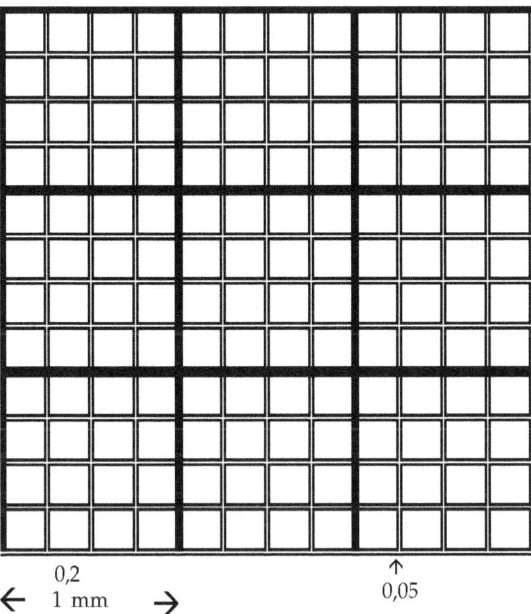

Le comptage s'effectue sur un échantillon représentatif.

Une goutte est placée sur la cellule de comptage et une lamelle est ensuite déposée afin d'éliminer l'excès de la suspension. Le comptage est effectué en balayant l'ensemble du quadrillage, le nombre d'individus observés est alors comptabilisé.

Le comptage d'une lame représente un nombre d'individus pour un volume de :

$3 \times 3 \text{ mm} \times 0,1 \text{ mm} = 0,9 \text{ mm}^3$ soit $0,9 \ . \ 10^{-3}$ ml   # 10^{-3} ml

Un comptage représentatif nécessite au minimum l'observation de six lames (on vise souvent l'observation d'une volume total de 10^{-2} ml soit 10 lames).

Exemple d'une fiche d'observation de la boue

Prélèvement :   Lieu :   Date :
                  Département :   Heure :

Observation macroscopique

Échantillon brut :

    couleur : ....

    odeur : ....

Échantillon décanté (sans dilution) :

    quantité de boue : ....

    aspect du surnageant : ....

    flottants : ....   Nature : ....

    comportement et aspect du floc pendant la décantation : ....

Observation microscopique

Liquide interstitiel : ....
    – bactéries libres : ....
    – spirilles : ....
    – floc : ....

Débris minéraux et/ou végétaux : ....

Floc – aspect – taille : ....

MICROFAUNE											
Protozoaires			Recensement	Comptage							Résultat total (base 6 lames)
				1	2	3	4	5	6		
Flagellés	Petits	Bodo									
		Diplomonadida									
		Monas									
		.									
	Grands	Peranema									
		.									
Sarcodines	Amibes	Petites									
		Grandes									
	Thécamébiens	Petits									
		Grands									
Ciliés	Holotriches	Trachellophyllum									
		Chilodonella c/u									
		Litonotus									
		Paramécies g/p									
		.									
	Péritriches	Ptes vorticelles									
		Gdes vorticelles									
		Opercularia									
		Epistylis									
		.									
		.									
		.									
	Spirotriches	Aspidisca									
		Euplotes									
		.									
		.									
		.									
	Suctoriens	.									
		.									
Métazoaires											
	Rotifères	*Digononta*									
		Monogononta									
	Nématodes	.									
	Oligochètes	.									
	Tardigrades	.									
	.	.									

Commentaires :

À partir de l'observation microscopique (*cf.* tableau précédent) des interprétations peuvent être données sur les points suivants :

Diagnostic de toxicité :

Décantabilité : bonne – moyenne – mauvaise

Domaine de charge : aération prolongée – faible – moyenne – forte charge

Particularité de l'effluent : frais/fermenté – domestique/industriel – toxiques

Probabilité de dépôts importants dans les ouvrages :

Oxygène dissous : anoxie – sous-aération – suffisant – sur-aération

Rendement d'épuration : bon – moyen – mauvais ; traitement de l'azote.

Stabilité du fonctionnement :

Qualité de l'effluent de sortie :

Exemples d'interprétation d'une boue à partir de l'observation microscopique

Trois exemples accompagnés de photos permettent de montrer l'intérêt de l'observation microscopique de la boue (mesures rapides) et apportent des enseignements sur :
– les conditions d'exploitation,
– les performances de l'installation,
– et son fonctionnement.

La démarche indispensable avant l'interprétation définitive d'une boue nécessite une vue d'ensemble (macroscopique et microscopique) des différents maillons qui la composent: eau interstitielle, floc et microfaune.

Il convient d'être très prudent sur l'interprétation d'individus isolés[1] d'où l'intérêt d'effectuer un certain nombre de lames (2 à 3 en l'absence de comptage) pour confirmer ou infirmer l'interprétation de leur présence.

---

[1] : Ceux-ci peuvent avoir été amenés par le réseau, provenir d'une zone très particulière (par exemple d'une fraction de zooglée développée sur les parois d'un bassin...)

Interprétation : site X

Prélèvement : Date :   18/03/96 .... Lieu : X
Heure : 10 h 00 .... Département : 38

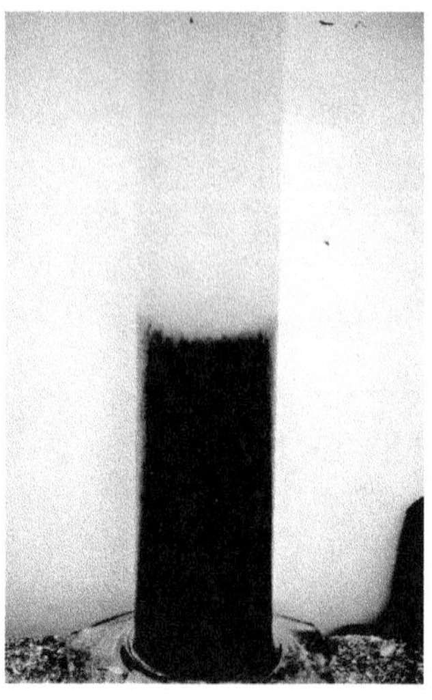 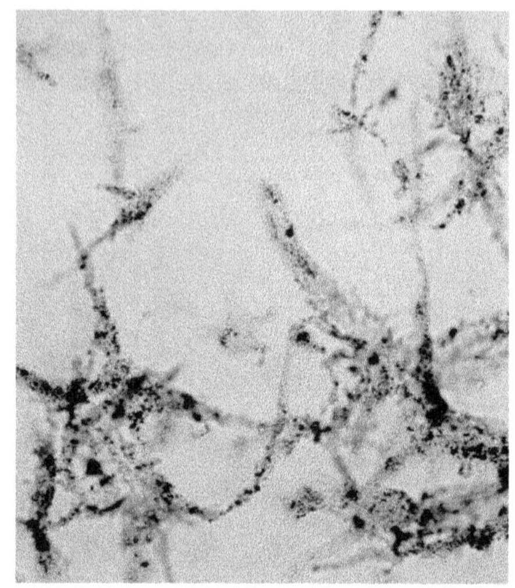

Observation macroscopique

Échantillon brut   ➤ couleur de la boue : légèrement marron foncé
➤ odeur : égout

Échantillon décanté (sans dilution)

➤ quantité de boue : faible

➤ aspect du surnageant : turbide (bactéries libres)

➤ flottants : néant   nature : néant

➤ comportement et aspect du floc pendant la décantation : floc duveteux

Observation microscopique

Eau interstitielle :

➤ bactéries libres : très nombreuses
➤ spirilles : néant

Débris minéraux ou/et végétaux : nombreux détritus végétaux

Floc : présence de grains de floc assez foncés très effilés (500 µm de long et 50 µm de large)

Comptage :

MICROFAUNE

Protozoaires			Résultat total (base 6 lames)
Flagellés	Petits	Hexamitus	88
		Autres	17
Sarcodines	Thécamébiens	.	3
Ciliés	Holotriches	petits holotriches	2
		Bilan =	110

110 individus pour $5,4 \cdot 10^{-3}$ ml $(6 \times 0,9 \cdot 10^{-3})$ soit 20×10^3 individus/ml

Commentaires :

ä *À partir de l'observation microscopique (Cf. tableau)*

Le floc effilé est révélateur d'un domaine de charge relativement élevé traitant soit des effluents riches en sucre, soit des effluents peu concentrés ; les performances de l'installation sont limitées.Le floc aux grains foncés peut être dû à un manque d'oxygène.
Le domaine de charge élevé est confirmé par la présence importante de bactéries libres dans l'eau interstitielle et observée aussi sur le surnageant lors du test en éprouvette.La faible diversité de la microfaune, accompagnée d'une densité importante de flagellés et de bactéries sont le signe d'une charge élevée, mais surtout la présence de certains flagellés (*Hyalophacus, Bodo*) confirme la sous aération marquée de la boue.
Une microfaune inférieure à 10^7 individus/l et représentée uniquement de flagellés avec très peu de faune supérieure est le signe d'un manque d'oxygène, avec des risques de fermentation. Elle s'accompagne d'un mauvais rendement de l'installation (effluent de sortie > 40 mg de DBO_5/l).La présence de nombreux détritus végétaux observée peut être due à un rejet industriel de type agro-alimentaire (abattoir) ou à un réseau unitaire.

➤ *À partir des résultats analytiques (obtenus quelques jours après l'observation microscopique)*

Les résultats analytiques et les différentes données de fonctionnement de l'installation ont confirmé les points évoqués lors de l'observation microscopique.

* Indice de boue = 197 ml/g de MES
* MES bassin d'aération = 1,73 g/l
* Oxygène dans le bassin d'aération = 0,5 mg d'O_2/l (système d'aération : grille INKA)
* Potentiel d'oxydoréduction = + 118 mV/EHN (le potentiel corrigé confirme l'état de sous- aération de la boue dans le bassin d'aération).

* Industries raccordées : charcuterie industrielle

* Type de réseau : unitaire

* Charge massique : 0,35 à 0,40 kg de DBO_5 / kg de MVS.jour

* Performances :

Effluent de sortie :	Rendement :
DBO_5 = 50 mg/l	
DCO = 185 mg/l	DCO = 75 %
MES = 60 mg/l	MES = 82 %

Interprétation : site Y

Prélèvement : Date :   25/03/96 .... Lieu : Y
               Heure : 10 h 00 .... Département : 38

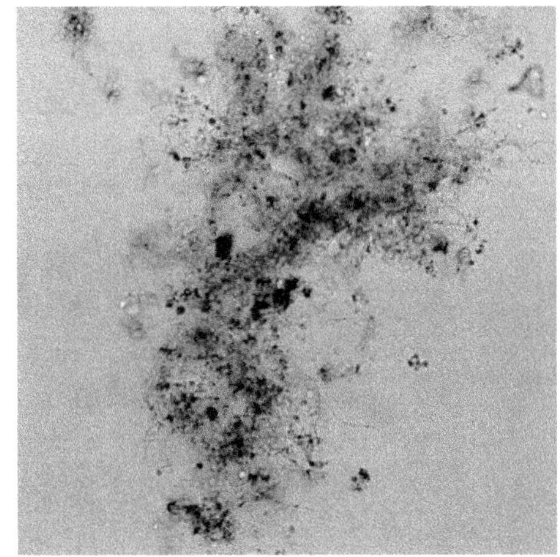

Observation macroscopique

Échantillon brut
> couleur de la boue : marron
> odeur : absence

Échantillon décanté (sans dilution)
> quantité de boue : faible
> aspect du surnageant : limpide (remontée de boue par dénitrification
après la décantation)
> flottants : néant   nature : néant
> comportement et aspect du floc pendant la décantation : floc duveteux

Observation microscopique

Eau interstitielle :
> bactéries libres : néant
> spirilles : néant

Débris minéraux ou/et végétaux : nombreux

Floc : duveteux
     concentration faible en boue
     filaments fixés au floc

Comptage :

MICROSCOPIQUE

Protozoaires			Résultat total (base 6 lames)
Flagellés	Petits	*Diplomonadida*	2
		Petits flagellés	très nombreux
Sarcodines	Amibes	Petites	2
		Grandes	2
	Thécamébiens	Petits	très nombreux
		Grands : *Euglypha*	2
Ciliés	Holotriches	*Chilodonella c*	4
		Litonotus	6
		Trochilia minuta	28
		Coleps	32
	Spirotriches	*Aspidisca lyncéus*	37
		Euplotes	6
		Aspidisca costata	20
Métazoaires			
	Rotifères	*Digononta*	2
		Monogononta	1
	Nématodes	.	1
		Bilan =	> 150 soit > 3 10^7 ind. /l

Commentaires :

➤ *À partir de l'observation microscopique (Cf. tableau)*

La diversité de la population révèle une installation au fonctionnement stable avec un âge de boue relativement élevé compte tenu de la présence de métazoaires (Rotifères). Cette installation fonctionne dans le domaine de l'aération prolongée.

La présence de nombreux petits flagellés peut être due soit :

– à la présence d'une zone d'anoxie, à temps de séjour plutôt (voire trop) élevé ,

– à la nature des effluents à traiter (de type agro-alimentaire),

– à un à-coup de charge ponctuel.

La qualité du traitement est très satisfaisante et les processus de nitrification sont déjà bien installés. Ces remarques sont liées à la présence de *Coleps hirtus*, *Trochilia minuta*, *Aspidisca lyncéus*, *Euplotes* et de Métazoaires (Rotifères et plus particulièrement l'espèce *Lecane* appartenant aux *Monogononta*).

Le degré d'aération de la boue est correct, voire sur aéré. Ce dernier explique les remontées de boue au niveau du clarificateur.

L'installation est confrontée à un léger bulking lié au développement de bactéries filamenteuses.

La présence de nombreux débris est caractéristique d'un réseau unitaire (lessivage de sols).

➤ *À partir des résultats analytiques (obtenus quelques jours après l'observation microscopique)*

Les résultats analytiques ont confirmé les commentaires lors de l'observation micros-copique.

* Indice de boue = 180 ml/g de MES

* MES bassin d'aération = 2,28 g/l

* Oxygène dans le bassin d'aération = 0,9 à 1,8 mg d'O_2/l

* Potentiel d'oxydoréduction = 360 mV/EHN

* Type de réseau : unitaire

* Charge massique : 0,08 kg de DBO_5/kg de MVS.jour

* Performances : effluent de sortie (en moyenne) ➤ DBO_5 = 3 mg/l ; DCO = 20 mg/l ; MES = 5 mg/l ; NT = 5 mg/l

Lors de notre passage, les analyses des échantillons de sortie sont les suivantes :
DBO_5 = 39 mg/l ; DCO = 91 mg/l ;   MES = 53 mg/l ; NK = 6 mg/l
$N\text{-}NO_3^-$ = 33 mg/l

Les valeurs élevées en MES sont dues à des phénomènes de dénitrification liés à la forte concentration en NO_3^- entraînant ainsi des remontées de boues au niveau du clarificateur. Le réglage des temps d'aération devra être rapidement modifié pour nitrifier et dénitrifier dans le bassin d'aération.

La DBO_5 très élevée est liée à la quantité de biomasse rejetée dans l'effluent traité.

La présence de nombreux débris est caractéristique d'un réseau unitaire.

Interprétation : site Z

Prélèvement : Date : 26/03/96 .... Lieu : Z
Heure : 10 h 00 .... Département : 38

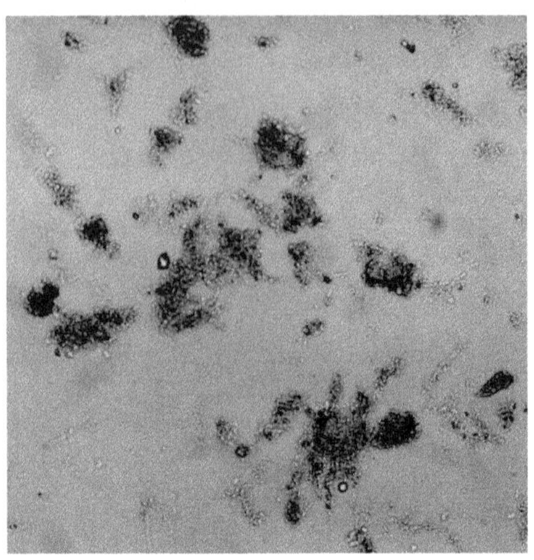 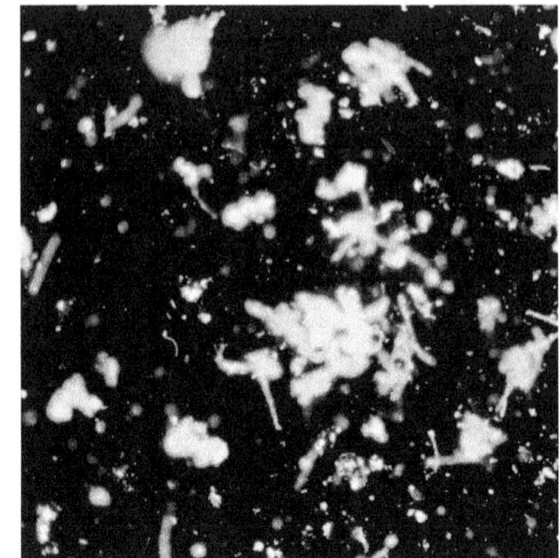

Observation macroscopique
Échantillon brut

- ➤ couleur de la boue : foncée
- ➤ odeur : légère

Échantillon décanté (sans dilution)

- ➤ quantité de boue : élevée
- ➤ aspect du surnageant : turbide, chargé de petits flocs et de bactéries.
flottants : oui ; nature : graisses
- ➤ comportement et aspect du floc pendant la décantation : normal

Observation microscopique
Eau interstitielle :

- ➤ bactéries libres : nombreuses
- ➤ spirilles : quelques
- ➤ présence de petits flocs

Débris minéraux ou/et végétaux : débris végétaux
Floc :

- ➤ quelques filaments de type 1851
- ➤ cohésion moyenne du floc
- ➤ assez concentré

Comptage :

MICROSCOPIQUE			
Protozoaires			Résultat total (base 6 lames)
Flagellés	Petits	Hexamitus	+++
Sarcodines	Thécamébiens	Petits	+
Ciliés	Péritriches	Vorticelles	+
Métazoaires			
	Nématodes	.	+

Remarque : sur cette installation, le comptage a été simplifié en raison de la présence de flagellés difficilement dénombrables et d'une très faible diversité des populations.

Commentaires :

➤ *À partir de l'observation microscopique (Cf . tableau)*

L'observation microscopique appelle les commentaires suivants :

– La qualité de l'eau interstitielle est très médiocre, elle est très chargée en bactéries libres et en flagellés. L'espèce Héxamitus est un indicateur de sous aération de la boue.

– Les débris végétaux s'expliquent par le type de réseau.

– La présence de plusieurs Nématodes accompagnés de spirilles est le signe de dépôts dans le bassin d'aération, ceux-ci ont été confirmés par sondage dans l'ouvrage.

– L'absence de Rotifères et la faible diversité de la microfaune est le signe d'un âge de boue plus faible que celui de l'aération prolongée.

– La quantité de boue est trop importante et peut expliquer la sous aération de l'installation. Ce dernier point peut être dû à :
* un manque d'extraction et
* un mauvais réglage des temps d'aération.

➤ *À partir des résultats analytiques (obtenus quelques jours après l'observation microscopique)*

* Indice de boue = 66 ml/g de MES

* MES bassin d'aération = 9,1 g/l (problème de gestion du taux de boue)

* Oxygène bassin d'aération = 0 à 0,4 mg/l

* Potentiel d'oxydoréduction = 19 à 49 mV / EHN

* Type de réseau : unitaire (avec des industries raccordées)

* Charge massique : $\simeq$ de l'ordre de 0,11 kg de DBO_5 / kg de MVS.j

* Performances :

Effluent de sortie :	Rendement :
DBO_5 = 60 mg/l	DBO_5 = 85 %
DCO = 219 mg/l	DCO = 80 %
MES = 72 mg/l	MES = 83 %
NK = 67 mg/l	

Habituellement, les rendements sont beaucoup plus faibles sur cette installation, de l'ordre 60 % sur la DCO. Les capacités hydrauliques du clarificateur sont largement dépassées en raison du taux de boue élevé, ce qui explique les pertes de MES.

La pollution soluble est encore élevée et liée à la sous-aération du milieu.

CLÉ **61** DE DÉTERMINATION DES FLAGELLÉS COLONIAUX

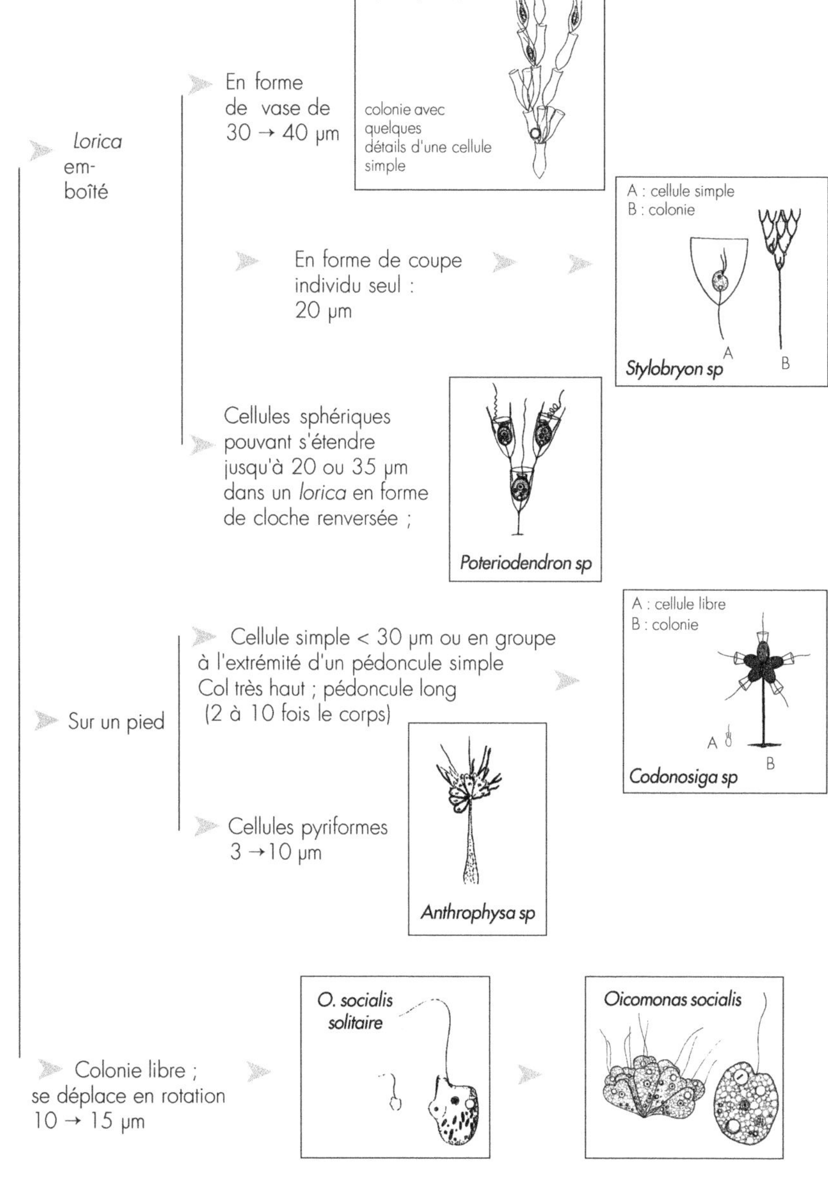

Clé 61 de détermination des flagellés coloniaux

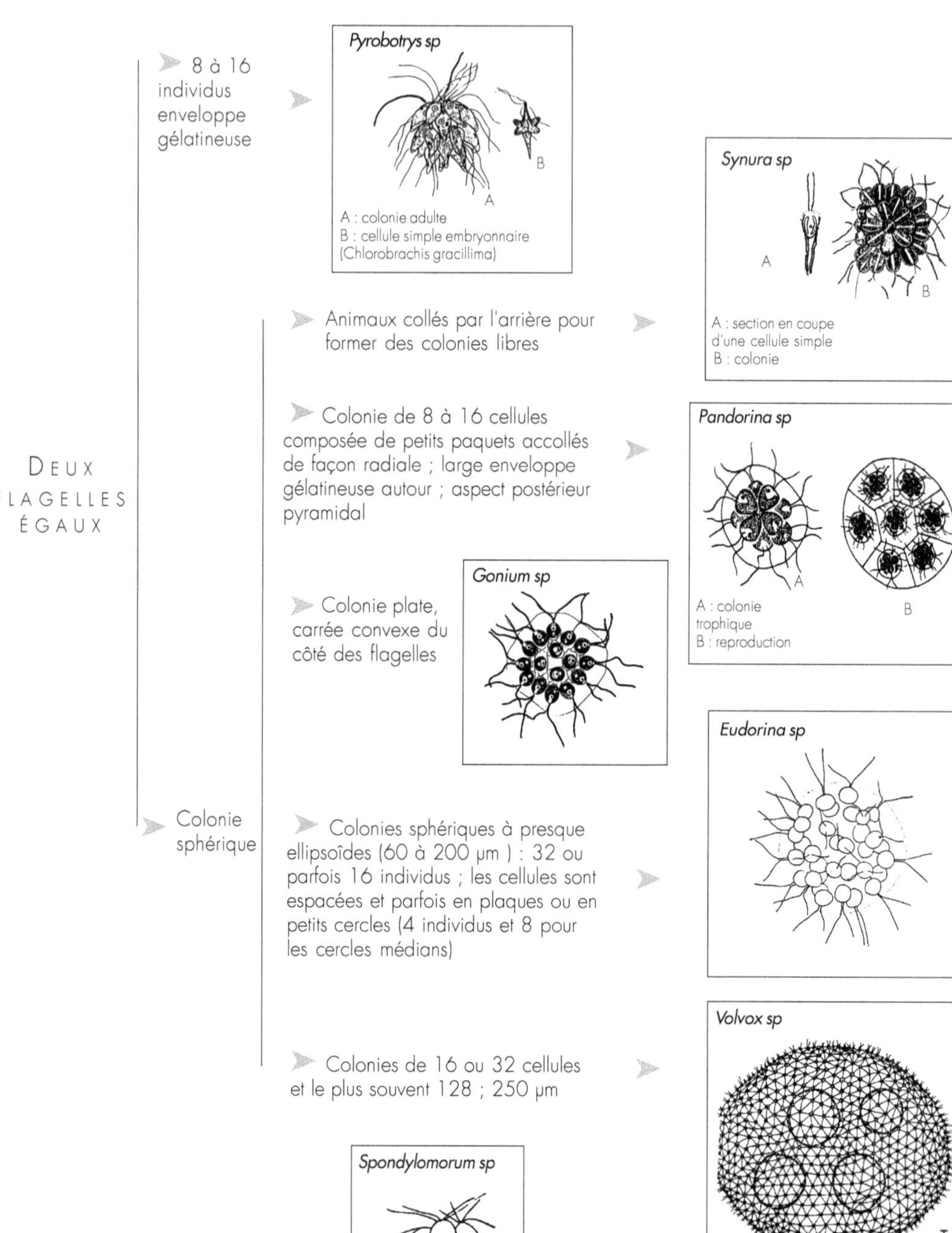

Deux flagelles égaux

8 à 16 individus enveloppe gélatineuse

Animaux collés par l'arrière pour former des colonies libres

Colonie de 8 à 16 cellules composée de petits paquets accollés de façon radiale ; large enveloppe gélatineuse autour ; aspect postérieur pyramidal

Colonie plate, carrée convexe du côté des flagelles

Colonie sphérique

Colonies sphériques à presque ellipsoïdes (60 à 200 µm) : 32 ou parfois 16 individus ; les cellules sont espacées et parfois en plaques ou en petits cercles (4 individus et 8 pour les cercles médians)

Colonies de 16 ou 32 cellules et le plus souvent 128 ; 250 µm

Quatre flagelles

16 cellules de 10 à 20 µm

Clé 62 de détermination des mono-flagellés

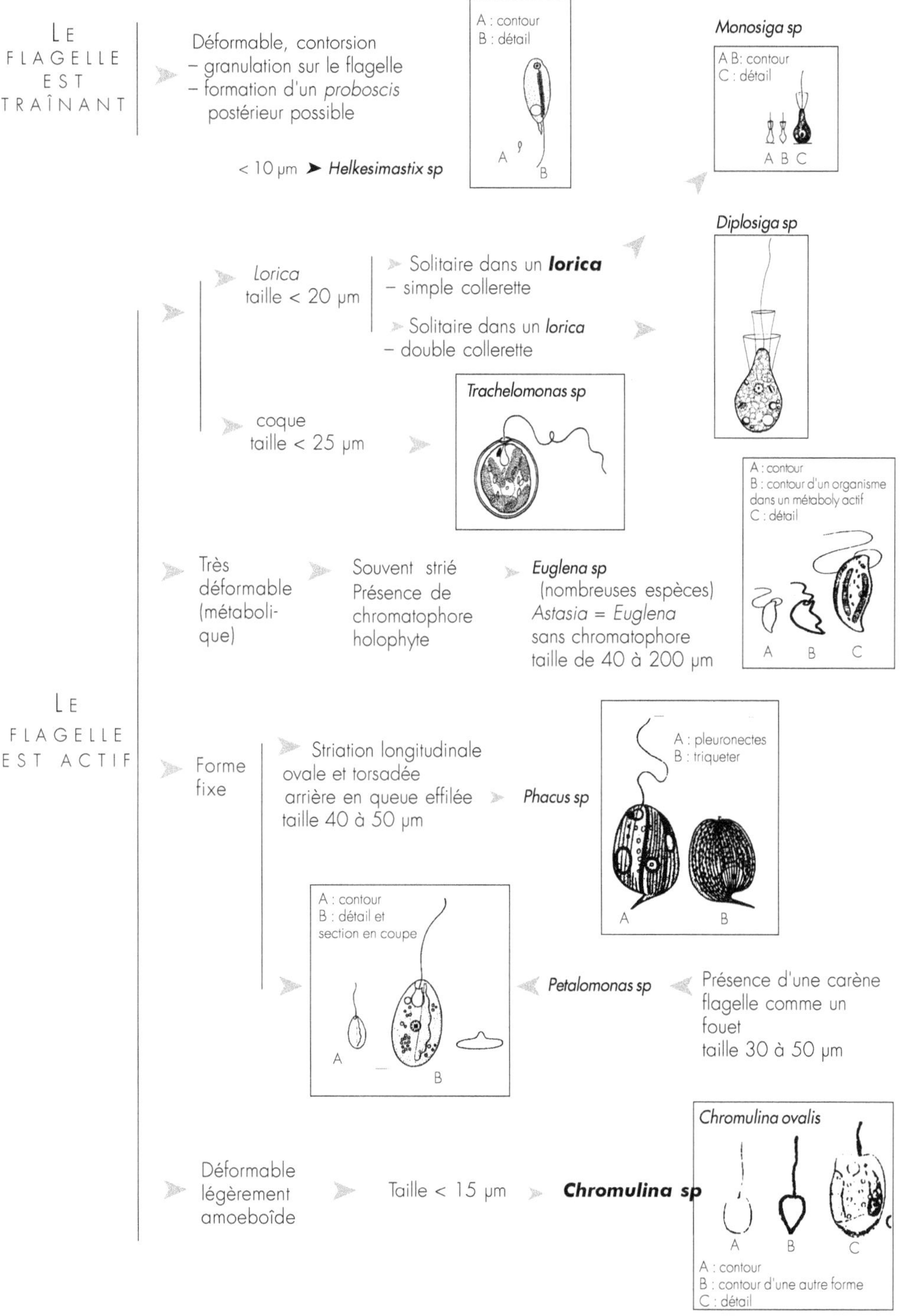

Clé 63 de détermination des bi-flagellés

FLAGELLES
ÉGAUX

Forme du corps
assez stable

Rond à ovale ; taille 15 à 30 µm
flagelles antérieurs de part et
d'autre
agissent comme des fouets
déplacement : lent, légère
oscillation

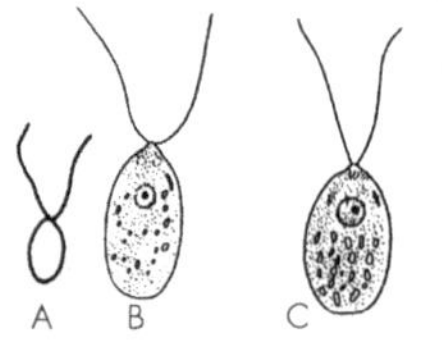

Flagelles presque égaux
avant tronqué

Vaste *infidibulum*
(pharynx)
Taille 20 à 40 µm

pyriforme inversée ;
taille < 20 µm

Polytoma sp

A : contour
B : détail
C : détail d'un organisme

Chilomonas sp

A : contour
B : détail

Chromonas sp

A : contour
B : détail

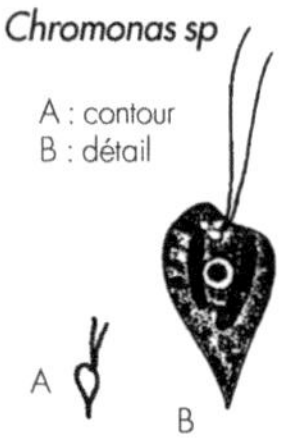

Clé 63 de détermination des bi-flagellés

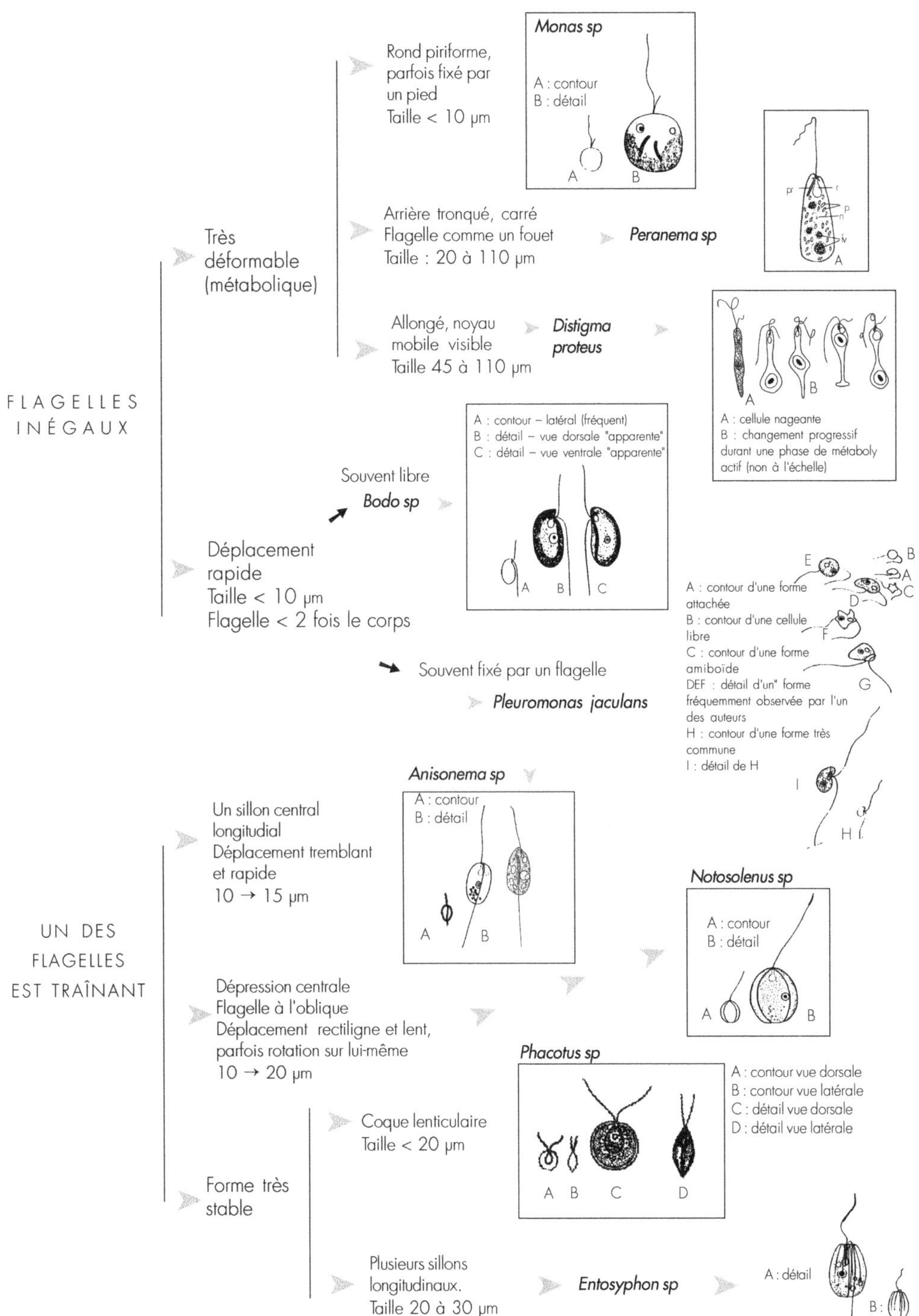

CLÉ **64** DE DÉTERMINATION DES FLAGELLÉS POSSÉDANT PLUS DE DEUX FLAGELLES

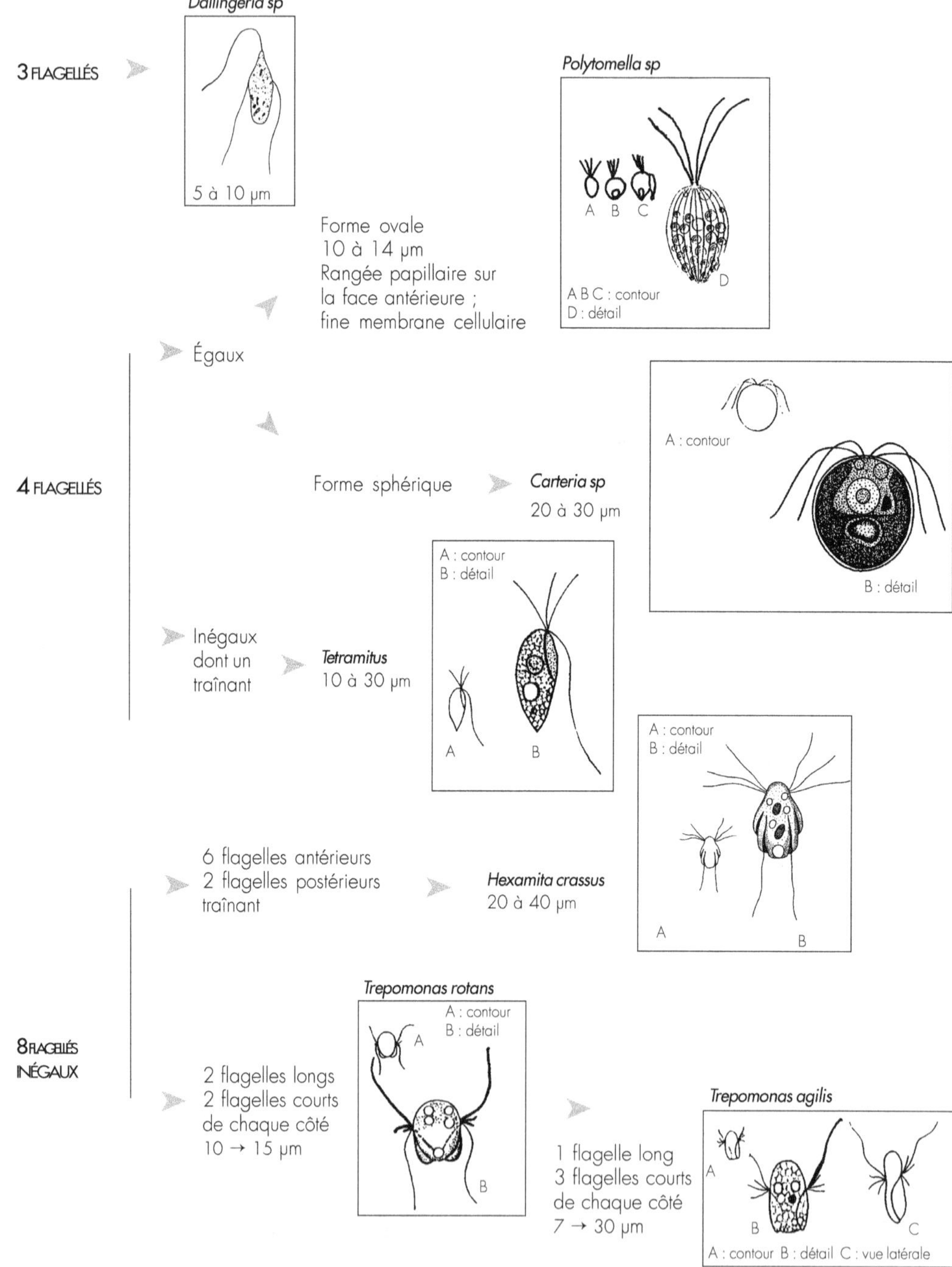

Glossaire

A

Aboral	se dit de l'extrémité, ou d'une région du corps opposée à la «bouche».
Adoral	se dit de l'extrémité, ou d'une région du corps proche de la «bouche».
Autotrophe	qui est capable d'élaborer ses propres substances organiques à partir d'éléments minéraux.

C

Cavité buccale	partie de l'appareil oral («bouche») qui est plus développé que le vestibule ; il est caractérisé par la présence d'une ciliature orale spécialisée qui est habituellement constituée d'organelles composées ; elle peut s'ouvrir sur l'extérieur ou sur un ventricule intermédiaire.
Caudal	qui se trouve à la partie postérieure du corps (relatif à une queue).
Chlorelle	algue verte d'eau douce.
Ciliature	ensemble des cils.
Cinétie	rangée ciliaire.
Cirre ou cirrhe	groupe de cils agglomérés qui servent à la locomotion (chez les hypotriches).
Cytopharynx	partie non ciliée de la «bouche» de la cellule conduisant du cytostome (ou de la bouche elle-même) dans l'endoplasme (ou l'intérieur de la cellule).
Cytoplasme	contenu entier de la cellule à l'exception du nucleus (noyau).
Cytostome	la véritable «bouche» de la cellule, démarquée par la fin de la ciliation.

E

Ectoplasme	cytoplasme extérieur de la cellule.
Enkystement	processus par lequel une cellule active s'entoure d'une protection au niveau de la paroi et devient une cellule au repos – forme de protection.
Endogène	qui se forme à l'intérieur.
Endoplasme	cytoplasme intérieur de la cellule.
Eucaryote	espèce vivante dont les cellules ont un noyau nettement séparé du cytoplasme.

F

Fascicule	région distincte du corps sur laquelle les tentacules se dressent (chez les suctoriens).
Flagellés	groupe de protozoaires pourvus d'un ou de plusieurs flagelles.

H

Hétérotrophe   qui se nourrit de substances organiques. ne peut effectuer lui même la synthèse de ses éléments constitutifs.

Holozoïque   qui s'alimente comme un animal par ingestion de particules alimentaires.

Hypotriche   membre de l'ordre *Hypotrichida*.

I

Invagination   repliement d'un organe creux sur lui-même, comme un doigt de gant retourné.

L

Lobopode   un des appendices de locomotion des Sarcodines.

Lorica   coquille ou carapace membraneuse d'un cilié.

M

Macronucleus   le plus grand des deux types de noyaux que possèdent un cilié ; il concerne principalement les processus végétatifs (ou asexués) de la cellule et il se divise par mitose.

Membrane ondulante   ligne ou arc de cils très serrés sur une seule rangée, qui de façon plus ou moins permanente se fondent en une membrane.

Méridien ciliaire   une ligne ou une rangée distincte de cils.

Mésosaprobe   environnement aquatique contenant un taux moyen de pollution.

Micronucleus   le plus petit des deux types de noyaux que possèdent un cilié ; il concerne les processus sexuels de la cellule et se divise par mitose.

Mixotrophe   qui possède plusieurs modes d'alimentation.

Myonème   fibre contractile ou «muscle» filiforme présent dans le pédoncule de certains protozoaires.

N

Noyau ou nucleus   partie distincte de la cellule qui contient les chromosomes et à peu près tout l'ADN ; par conséquent, il sert à transmettre le code génétique.

O

Oligosaprobe   se dit d'un environnement aquatique contenant un faible taux de pollution.

Oral   de la bouche.

Organelle   une partie spécialisée de la cellule assez analogue aux organes des plus grands animaux.

P

Pellicule	enveloppe cellulaire recouvrant le cilié ; elle peut être rigide ou souple.
Péristome	région autour de la bouche.
Péritriche	membre de l'ordre *Péritrichida*.
Polysaprobe	se dit d'un environnement aquatique contenant un taux élevé de pollution.
Post-oral	derrière ou postérieur au cytostome.
Pré-oral	devant ou antérieur au cytostome.
Procaryote	espèce vivante dont les cellules n'ont pas de noyau (ADN libre dans le cytoplasme).

R

Réniforme	en forme de rein.

S

Saprobe	terme employé pour décrire un environnement aquatique organiquement pollué.
Saprozoïque	se dit d'un animal s'alimentant de substances solubles dérivées de matières en décomposition.
Sessile	fixé directement au substrat.
Spirotriche	un membre de la sous-classe *Spirotrichia*.

T

Télotroche	forme nageuse de péritriche sessile.
Tentacule	prolongement cytoplasmique du corps des suctoriens.
Tetrahymenal	se dit d'une ciliature que l'on rencontre dans l'appareil buccal de certains ciliés ; fondamentalement, il y a une membrane ondulante sur la droite et trois membranelles adorales sur la gauche.
Thèque	carapace des Thécamébiens.
Trichocyste	petit corps semblable à une baguette qui peut lancer de minces fils dans l'eau environnante lorsqu'il est mécaniquement ou chimiquement stimulé.
Tubercule	gros granule ou bosse à la surface de certaines pellicules de péritriches.

V

Vacuole	cavité du cytoplasme qui a la faculté de se dilater, se remplir de liquide, et de se contracter en expulsant son contenu à l'extérieur.
Vestibule	conduit cilié joignant le cytostome à l'extérieur ; il n'y a pas de cils oraux spécialisé comme on peut en trouver dans la cavité buccale.

Z

Zoochlorella   algue vivant en symbiose à l'intérieur de la cellule d'un protozoaire cilié.

Zooïde   individu d'une colonie.

Bibliographie

Les ouvrages pouvant être complémentaires du présent document
sont repérés à l'aide d'un astérisque.

AESCHT E., FOISSNER, W., 1992, « Biology of a high-rate activated sludge plant of a pharmaceutical company », Stuttgart Juin 1992, Arch. Hydrobiol. Suppl. 90. Vol 2. pp. 207-251.

AL-SHAHWANI S.M., HORAN N.J., 1991. « The use of protozoa to indicate changes in the performance of activated sludge plants ». Wat. Res. Vol 25. n°6. pp. 633-638.

ANTONIETTI R., BROGLIO P., MADONI P., 1982. « Valutazione di parametri biologici come indici di efficienza di depurazione in impianti a fanghi attivi ». Ingegneria Ambientale. Vol 11. n°6. pp. 472-477.

AUGUSTIN V.H., FOISSNER W., 1992. « Morphologie und Ökologie einiger Ciliaten (Protozoa : Ciliophora) aus dem Belebtschlamm ». Arch. Protistenkd. Vol 141. n°4. pp 243-283.

BARK A.W., 19XX. « A survey of the protozoan population of activated sludge ». Clermont- Ferrand, annales 6-7. pp. 241-260.

BECARES E., 1990. « Microfauna of an actived sludge pilot plant treating effluents from a pharmaceutic industry ». Biological approach to sewage treatment process : current status and perspectives. *Ed. P. MADONI*. Perugia, Italie. pp 105-108.

BEDOGNI, G., FALANELLI, A., PEDRAZZI, R., 1990. « Evaluation of the abondance ratio between crawling and attached ciliates in the management of an activated sludge sewage treatment plant ». Biological approach to sewage treatment process : current status and perspectives. *Ed. P. MADONI*. Perugia, Italie. pp 229-233.

* BICK, H., 1972. « Ciliated protozoa. An illustrated guide to the species used as biological indicators in freshwater biology ». Ed. Workd Health Organization Geneva. pp 1-198

BONALBERTI, L., KUMER, E., MILAN, C., VERNIANI, M.R., GARASTO, G., 1990. « Control of an activated sludge plant subjected to a discontinuous load ». Biological approach to sewage treatment process : current status and perspectives. *Ed. P. MADONI*. Perugia, Italie. pp 273-279.

BOUTIN, P., 1968. « Éléments sur le traitement biologique des eaux residuaires ». Part 1. Rôle des micro-organismes dans l'épuration biologique des eaux résiduaires.

BRKOVIC, ?., POPOVIC, I., POPOVIC, M. 1990. « Relationship between some biological and process parameters of activated sludge ». Biological approach to sewage treatment process : current status and perspectives. *Ed. P. MADONI*. Perugia, Italie. pp 235-239.

BROWN, M.J., LESTER, J.N., 1979. « Metal removal in activated sludge : the role of bacterial extracellular polymers ». Mars 1979. Wat. Res. Vol 13. pp. 817-819.

CABRIDENC, R., 1968. « Rôle des micro-organismes dans les processus d'épuration biologique ». 83 pages.

CAIRNS, Jr J., 1974. « Protozoans (Protozoa) ». Pollution Ecology of Freshwater Invertebrates.

CALAWAY, W.T., 1968. « The metazoa of waste treatment processes - rotifers ». Journal WPCF. Vol 40. n° 11. Part 2. pp. R412-R422.

CARDINALETTI, M., ZITELLI, A., 1990. « Distribuzione tassonomica della microfaunas in unità da laboratorio a fanghi attivati ricevente liquami urbano-industriali addizionati di zinco solubile parte II ». Biological approach to sewage treatment process : current status and perspectives. *Ed. P. MADONI.* Perugia, Italie. pp 59-70.

CHIERICI, E., MADONI, P. 1990. « Analisi comparata della microfauna del fango attivo di piccoli impianti municipali ». Biological approach to sewage treatment process : current status and perspectives. *Ed. P. MADONI.* Perugia Italie. pp 83-87.

CINGOLANI, L., COSSIGNANI, M., MILIANI, R., 1990. « The role of microfauna in the prediction and control of the activated sludge disfunctions of a municipal plant ». Biological approach to sewage treatment process : current status and perspectives. *Ed. P. MADONI.* Perugia, Italie. pp 93-96

CINGOLANI, L., COSSIGNANI, M., MILIANI, R., 1992. « Relationships between population dynamics and operating parameters in an activated sludge-plant by statistical analysis ». Wat. Sci. Tech. Vol 25. n° 4-5. pp. 399-400.

COLLIN, J.F., BLOCK, J.C., IMBS, M.A., LABAN, P. 1979. « Contribution à l'étude des bactéries aérobies hétérotrophes d'une boue activée ». Journ. français d'hydrologie, Vol 10. fasc I. n° 28. pp. 47-58.

COSSIGNANI, M., CINGOLANI, L., GIACCHE, L., MILIANI, R., 1992. « Investigations on activated sludge microfauna and treatment plant disfunctions ». Wat. Sci. Tech. Vol 26. n° 9-11. pp. 2519-2522.

COUILLAULT, J., (19XX). « L'observation microscopique des boues et l'épuration biologique ».

COUILLAULT, J., (19XX). « Examen microscopique des boues et l'épuration biologique ». Fondation de l'Eau. 10 pages.

CURDS, C.R., 1971. « Rôle des protozoaires dans l'épuration des eaux ». Journées de l'Eau, Paris. 21 & 22 avril 1971. 7 pages.

CURDS, C.R., 1973. « A theoretical study of factors influencing the microbial population dynamics of the activated-sludge process ». Wat. Res. Pergamon Press. Vol 7. pp. 1439-1452. Part 1 : « The effects of diurnal variations of sewage and carnivorous ciliated protozoa ». pp. 1269-1284.

Part 2 : « A computer simulation study to compare two methods of plant operation ».

CURDS, C.R., COCKBURN, A., 1970. « Protozoa in biological sewage-treatment processes ». Wat. Res. Vol 4. n° 3. pp. 225-249.

Part 1 : « A survey of the protozoan fauna of British percolating filters and activated-sludge plants ». Part 2 : « Protozoa as indicators in the activated-sludge process ».

CURDS, C.R., FEY, G.J., 1969. « The effect of ciliated protozoa on the fate of *escherichia coli* in the activated-sludge process ». Wat. Res. Pergamon Press. Vol 3. pp. 853-867.

*CURDS, C.R., HAWKES, H.A., 1975. « Ecological aspects of used-water treatment ». Vol 1. « The organisms and their ecology ». *London Academic Press.*

*CURDS, C.R., R., Sc., D., Ph., 1969. « An illustrated key to the British freshwater ciliated protozoa commonly found in activated sludge ». Wat. Pol. Res. Tech., paper n° 12. *London Her Majesty's Stationery Office.*

CURDS, C.R., KINNER, N.E., 1987. « Development of protozoan and metazoan communities in rotating biological contactor biofilms ». Wat. Res. Vol 21. n° 4. pp. 481-490.

CURDS, C.R., PIKE, E.B., 1971. « The microbial ecology of the activated sludge process ». Wat. Poll. Res. *In* : Microbial aspects of pollution the society for applied bacteriology symposium. n ° 1. Academic Press, London. pp. 123-147.

CURDS, C.R., Sc., B., D., Ph., COCKBURN, A., VANDYKE, J.M., 1968. « An experimental study of the role of the ciliated protozoa in the activated-sludge process ». Wat. Pol. Res. Vol. 19 pages.

CURDS, C.R., VANDYKE, J.M., 1966. « The feeding habits and growth rates of some freshwater ciliates found in activated-sludge plants ». Journ. Appl. Ecol. Vol 3. pp. 127-136.

CZAPIK, A., 1975. « Les associations des ciliés (*Ciliata*) dans le ruisseau Pradnik pollué par les eaux résiduelles d'une laiterie ». Acta. Hydrobiol. Vol 17. n° 1. pp. 21-34.

DE MARCO, N., GABELLI, A., CATTARUZZA, C., PETRONIO, L. 1990. « Efficienza depurativa di impienti biologici : alcune esperienze su depuratori municipali dell'area Pordenonese (Italy) ». Biological approach to sewage treatment process : current status and perspectives. *Ed. P. MADONI*. Perugia, Italie. pp 247-251.

DETCHEVA, R.B., 19XX. « Distribution des espèces de ciliés dans certains affluents bulgares du Danube, aux eaux polluées ». pp. 261-269.

DETCHEVA, R.B., 19XX. « Les ciliés de deux affluents bulgares du Danube, aux eaux polluées ». pp. 213-218.

DRAKIDES, C., 1972. « L'écologie des boues activées ». Février 1972. 9 pages.

DRAKIDES ,C., 1972. « La biologie des boues activées ». Décembre 1972. 10 pages.

DRAKIDES, C., 1972. « Observation des boues activées. Technique d'étude et interprétation des cas les plus courants ». 13 pages.

DRAKIDES, C., 1972. « Technique d'observation des boues activées. Utilisation pratique des résultats ». 5 pages.

DRAKIDES, C., 1973. « Observations sur la nature et les variations de la microfaune des boues activées ». Thèse de doctorat de 3e cycle de l'université Paris VI. 31 pages.

*DRAKIDES, C., 1978. « L'observation microscopique des boues activées appliquée à la surveillance des installations d'épuration. Technique d'étude et interprétation ». Tech. Sci. Méth. L'Eau. 73e année. n° 2. pp. 85-98.

DRAKIDES, C., 1978. « La microfaune des boues activées. Étude d'une méthode d'observation et application au suivi d'un pilote en phase de démarrage ». Wat. Res. Vol 14. pp. 1199-1207.

* DRAKIDES, C., 1979. « La microfaune des boues activées, rôle dans l'épuration et valeur indicatrice des principales espèces ». Rapport. 45 pages.

* DRAKIDES, C., 1995., Micro - F Diagnostic,. Creufop, Université Montpellier II. 92 pages.

* DUCHENE, Ph., COTTEUX, E. 1993. « Les éléments les plus significatifs de la microfaune des boues activées ». Tech. Sci. Méth. n° 9. pp. 471-477.

EGADDI, F., MADONI, P. 1990. « Relazione tra efficienza di depurazione e struttura delle communità di protozoi ciliati in un impiento municipale a fanghi attivi : un anno di studio ». Biological approach to sewage treatment process : current status and perspectives. *Ed. P. MADONI*. Perugia, Italie. pp 267-272.

EMPEREUR, C., 1993. « La microfaune comme indicateur de fonctionnement des stations d'épuration à boues activées ». Mémoire de DEA, Cemagref. 85 pages.

ESTEBAN, G., COLMENAREJO, J.M., TELLEZ, C., 1990. « Dynamics of ciliates communities during biological phosphorus removal process in wastewater treatment ». Biological approach to sewage treatment process : current status and perspectives. *Ed. P. MADONI*. Perugia, Italie. pp 71-74.

ESTEBAN, G., TELLEZ, C., BAUTISTA, L.M., 1991. « Dynamics of ciliated protozoa communities in activated sludge process ». Wat. Res. Vol 25. n° 8. pp. 967-972.

ESTEBAN, G., TELLEZ, C., BAUTISTA, L.M., 1991. « Effects of habitat quality on ciliated protozoa communities in sewage treatment plants ». Env. Tech. Vol 12. n° 4. pp. 381-386.

ESTEBAN, G., TELLEZ, C., BAUTISTA, L.M., 1992. « The Indicator Value of Tetrahymena thermophila Populations in the Activated-sludge Process ». Acta Protozoologica. Vol 31. pp. 129-132.

EVANS, R., L., BEUSCHER, D.B., 1970. « Casual observations of protozoa in tertiary sewage treatment ». Water & Sewage Works. Février 1970. pp. 35-41.

FERNANDEZ-LEBORANS, G., MORO, P., 1991. « Annual Performance of a Full-Scale Activated-Sludge Plant. Biotic Components and New Criteria for Process Assessment ». Bioresource Technology. Vol 38. pp. 7-14.

FINLAY, B.J., LAYBOURN, J., STRACHAN, I., 1979. « A Technique for the Enumeration of Benthic Ciliated Protozoa ». Oecologia (Berl.). Vol 39. pp. 375-377.

FLETCHER, M., 1977. « The effects of culture concentration and age, time, and temperature on bacterial attachment to polystyrene ». Can. Journ. of Microbiology. Vol 23. n° 1. 6 pages.

FLYNN, O.P., 1979. « The ecology of waste-treatment systems ». Env. control. Vol 62. n° 10. pp. 67-70.

* FOISSNER, W., 1988. « Taxonomic and nomenclatural revision of Sladecek's list of ciliates (Protozoa : Ciliaphora) as indicators of water quality ». Kluwer Academic Publishers. Vol 166. pp. 1-64.

FUJIMOTO E., ARAI Y. (1981). « Preliminary studies on control parameters and biological community for the activated sludge process ». Wat. Sci. Tech. Vol 13. pp. 189-192.

* GERARDI, M.H., 1986. « An operator's guide to protozoa and their role in the activated sludge process ». Public works 117 (7). Pp 44-47, 90, 92.

* GERARDI, M.H., 1987. « An operator's guide to protozoa and their role in the activated sludge process ». Public Works. pp. 44-67.

GORI, F., GRECO, M., GUARNIERI, G., MINELLI, L. 1990. « Microfauna analysis in performance evaluation of the activated sludge depuration plant in Foligno (Italie) ». Biological approach to sewage treatment process : current status and perspectives. *Ed. P. MADONI.* Perugia, Italie. pp 97-99.

GUHL, W., 1985. « A contribution to the knowledge of the ciliate fauna of various activated sludges with special consideration of the early recognition of bulking and floating sludge by the variability of peritrichous ciliates ». Arch. Protistenk. Vol 129. n°1-4. pp. 203-238.

GUHL, W., 1987. « Charakterisierung von belebtschlämmen über die ciliatenfauna ». Korrespondenz Abwasser, Jahrgang. Vol 34. pp. 1076-1082.

HALLER, E.J., 1991. , Bugs in Activated Sludge : How Do They Work ? » Water. Engineering and Management. August 1991. pp. 30-31

HONIGBERG, B.M., BALAMUTH, W., BOVEE, E.C., CORLISS, J.O., GOJDICS, M., HALL, R.P., KUDO, R.R., LEVINE, N.D., LOEBLICH, A.R. Jr., WEISER, J., WENRICH, D.H., 1964. « A Revised Classification of the Phylum Protozoa ». J. Protozzool. Vol 11. n° 1. pp. 7-20.

INAMORI, Y., KUNIYASU, Y., SUDO, R., KOGA, M., 1991. « Control of the growth of filamentous microorganisms using predacious ciliated protozoa ». Wat. Sci. Tech. Vol 23. pp. 963-971.

KAKI-ICHI, N., KOBAYASHI, S., KAMATA, S., UCHIDA, K., 1985. « Effect of protozoa on effluent qualities in the treatment of swine feces by activated sludge process of batch style ». Bull. Nippon. Vet. Zootech. Coll. n° 34. pp. 88-93.

KLIMOWICZ, H., 1970. « Microfauna of activated sludge ».
Part. I : Assemblage of microfauna in laboratory models of activated sludge.
Acta hydrobiol. Krakow, 1970. Vol 12. n° 4. pp. 357-376.
Part. II : Assemblages of microfauna in block aeration tanks.
Acta hydrobiol. Krakow, 1972. Vol 14. n° 1. pp. 19-36.
Part. III : The effect of physico-chemical factors on the occurrence of microfauna in the annual cycle.
Acta hydrobiol. Krakow, 1973. Vol 15. n° 2. pp. 167-188.

LAKSHMAN, G., 1979. « An Ecosystem Approach to the Treatment of Waste Waters ». Journ. Env. Qual. Vol 8. n° 3. pp. 353-361.

* LARPENT, J.P., CHAMPIAT, D., 1990. « La biologie des eaux. Protozoaires et communautés zooplanctoniques » *Ed. Technique et documentation Lavoisier, Paris.* pp 53-255.

LASSEE, C., 1985. « Analyse des boues. Tome 3 - Analyses biologiques. Etude de synthèse ». 141 pages.

LAUBENBERGER, G., HARTMANN, L. 1971. « Physical structure of activated sludge in aerobic stabilization ». Wat. Res. Perg. Press. Vol 5. pp. 335-341.

LEBESGUE, Y., 1970. « La fixation des micro-organismes sur les supports minéraux ». Journal français d'hydrologie. Vol 10. Fasc I. n°28. pp. 59-66.

LESTER, J.N., PERRY, R., DODD, A.H., 1979. « Cultivation of a mixed bacterial population of sewage origin in the chemostat ». Wat. Res. Vol 13. pp. 545-551.

MACEK, M., 1989. « Experimental approach to the role of different ecological types of protozoa in the activated sludge system ». Int. Revue ges. hydrobiol Vol 74. n° 6. pp. 643-656.

MACEK, M., 1990. « Single species ciliate cultures controlling bacterial flocs distribution ».Biological approach to sewage treatment process : current status and perspectives. *Ed. P. MADONI.* Perugia, Italie. pp. 109-114.

* MADONI, P., 1982. « Growth and succession of ciliate populations during the establishment of a mature activated sludge ». Acta Hydrobiologie. Vol 24. n° 3. pp. 223-232.

MADONI, P., 1987. « Analisi biologiche per il controllo dei processi a fango attivo ». Ingegneria Ambientale. Vol 16. n° 1. pp. 14-18.

* MADONI, P., 1990. « Role of protozoans and their indicator value in the actived sludge process ». Biological approach to sewage treatment process : current status and perspectives. *Ed. P. MADONI.* Perugia, Italie. pp. 27 à 27

MADONI, P., ESTEBAN, G., GORBI, G., 1992. « Acute toxicity of cadmium copper, mercury and zinc to ciliates from activated sludge plants ». Bull. Environ. Contam. Toxicol. n °49. pp. 900-905.

MADONI, P., GHETTI, P.F., 1981. « The structure of ciliated protozoa communities in biological sewage-treatment plants ». Acta Hydrobiologia. Vol 83. pp. 207-215.

MINISTERE DE L'AGRICULTURE ET DE LA FORÊT, 1990. « Guide technique sur le foisonnement des boues activées ». Octobre 1990. FNDAE n° 8. 57 pages.

MINISTRY OF TECHNOLOGY, 1968. « Notes on Water Pollution ». Décembre 1968. n° 43. 4 pages.

MIROSLAV, M., 1989. « Experimental approach to the role of different ecological types of protozoa in the activated sludge system ». Int. Revue ges. Hydrobiologie. Vol 74. pp. 643-656

MORISHITA, I., 1970. « Studies on protozoa-populations in activated sludge of sewage and waste treatment plants ». 13 pages.

MORISHITA, I., 1976. « Protozoa in sewage and waste water treatment systems ». Trans. Amer. Micros. Soc. Vol 95. n° 3. pp. 373-377.

NELSON, P.O., 1980. « Microbial viability measurements and activated sludge kinetics ». Wat. Res. Vol 14. pp. 217-225.

NITTA, T., SAKAI, Y., MORI, T. 1987. « The role of trochilioides recta in elimination of bulking ». Appl. Microbiol. Biotechnol. Vol 26. pp. 195-198.

PIKE, E.B., B., Sc., , Ph. D., M.I., Biol., CARRINGTON, E.G., 1972. « Recent developments in the study of bacteria in the activated-sludge process ». Wat. Poll. Control. n° 6. 19 pages.

POOLE J.E.P. (1984). « A study of the relationship between the mixed liquor fauna and plant performance for a variaty of activated sludge sewage treatment works ». Wat. Res. Vol 18. n°3. pp. 281-287.

POOLE J.E.P., B.A., M. Sc., FRY. J.C., B. Sc., Ph. D. (1980). « A study of the protozoan and metazoan populations of three oxidation ditches ». Wat. Poll. Control. Cambridge. pp. 19-27.

POOLE, J.E.P., FRY, J.C., 1980. « A study of the protozoan and metazoan populations of three oxidation ditches ». Wat. Poll. Control 79 (1). pp. 19-27.

* PUJOL, R., 1980. « Ecologie appliquée aux boues activées des stations d'épuration d'eaux usées ». Mémoire de D.E.A. d'Ecologie, Université Paris VI, ENS Laboratoire d'Ecologie, 64 pages.

RANZANI, M., ROMANO, P., LORENZI, E., 1990. « Relationship between some process parameters and microfauna variations in a two millions equivalent inhabitants plant ». Biological approach to sewage treatment process : current status and perspectives. *Ed. P. MADONI.* Perugia Italie. pp. 241-246.

RIVIERE, J., 1974. « Evolution de la microflore au cours d'un traitement d'épuration d'eaux urbaines par boues activées ». Ann. Agron. Vol 25. n° 2-3. pp.515-533.

SALVADO, H., GONZALEZ-PALACIOS, G., DEL-PILAR-GRACIA, M., 1988. « Estudio de la problación de microorganismos en una planta depuradora urbana de fangos activados ». P. Dept. Zool. Vol 14. pp. 21-29.

SALVADO, H., GRACIA, M.P., 1993. « Determination of organic loading rate of activated sludge plants based on protozo analysis ». Wat. Res. Vol 27. n° 5. pp. 891-895.

SARTORY, D.P., B., Sc., 1976. « The peritrich ciliates as biological indicators for activated sludge ». Microscopy 33 (2). pp. 85-89.

SASAHARA, T., OGAWA, T., 1983. « Treatment of brewery effluent ». Part VIII : Protozoa and metazoa found in the activated sludge process for brewery effluent. Monatsschrift fuer brauwissenschaft. Vol 36. n°11. pp. 443-448.

SIMAKOV, Y.G., 1985. « Change on the microfaune of active sludge under the influence of toxic substance ». Gidrobiol ZH, Gidrobiologiceskij Zurnal. Vol 21. n° 4. pp. 70-78.

SLADECEK, V., 1981. « Indicator value of the genus Opercularia (*Ciliata*) ». Arch. Hydrobiol. Vol 79. pp. 229-232.

SLADECEK, V., 1986. « Indicator value of the genus Epistylis (*Ciliata*) ». Arch. Hydrobiologia Vol 107. n° 1. pp. 119-124.

STRADIOT, R., 1992. « Guide sur l'observation et l'interprétation de la microfaune d'une boue activée ». Mémoire DEUST, Métiers de l'Eau, université Claude-Bernard, Lyon I, 120 pages.

STRUMIA, F., SOPRANI, S., PUZZARINI, P., FARINA, R., 1986. « Analisi dei protozoi ciliati nell'impianto di depurazione della città di Cervia ». Inquinamento 28 (11). pp. 38-46.

STRUMIA, F., SOPRANI, S., FARINA, R., 1986. « Analisi dei protozoi ciliati - Nell'impianto di depurazione - della cita di cervia ». Inquinamento. Vol 28. n°11. pp. 38-46.

SUDO, R., AIBA, S., 1984. « Role and function of protozoan in the biological treatment of polluted waters ». Advance in biochemical engeneering biotechnology. Vol 29. pp. 117-141.

SUZUKI, T., KURIHARA, Y., 1981. « The role of bacterial flocs in the population dynamics of bacteria and protozoa in continuous cultures ». Japan. Journ. ecology. Vol. 31. n° 1. pp. 23-29.

TAYLOR, W.D., 1978. « Growth responses of ciliate protozoa to the abundance of their bacterial prey ». Microbial. Ecology. Vol. 4. pp. 207-214.

TAYLOR, W.D., BERGER, J., 1975. « Growth responses of cohabiting ciliate protozoa to various prey bacteria ». Canadian J O. Zoology. Vol. 54. n° 2. pp. 1111-1114.

TELLEZ, C., ESTEBAN, G., 1990. « The density of ciliate populations in the prediction of the activated sludge performance ». Biological approach to sewage treatment process : current status and perspectives. *Ed. P. MADONI*. Perugia, Italie. pp. 49-52.

TOMAN, M., REJIC, M., 1985. « The influence of certain types of waste water upon the rotiferal biocenosis in activated sludge ». Z. Wasser. Abwasser-Forsch 18. pp. 169-177.

TOMAN, M., REJIC, M., 1985. « The influence of certain types of waste water upon the rotiferal biocenosis in activated sludge ». Z. Wasser-Abwasser-Forsch. Vol. 18. pp. 169-177.

TOMAN, M., REJIC, M., 1988. « The effects of low concentrations and short-period lack of dissolved oxygen upon the organisms of the concomitant biocenosis in activated sludge ». Z. Wasser-Abwasser-Forsch. Vol. 21. pp. 189-193.

TUROBOYSKI, L., 1976. « Indicator organisms in surface waters in Poland ». Helsinki 1976. pp. 33-38.

VAVILIN, V.A., VASIL'EV, V.B., 1985. « Formation of a community of activated sludge microorganisms during the start-up period of operation of a treatment plant ». Water Resources. Vol. 12. n° 4. pp. 392-396.

*VEDRY, B., 1987. « L'analyse écologique des boues activées ». Ed. *Christian BRUCKER SEGETEC*. 117 pages.

VIDAL, H., 1983. « Interêt de l'observation microscopique des boues activées. Contribution au fonctionnement des stations d'épuration ». Mémoire de stage : section techniciens supérieurs de génie sanitaire. 57 pages + Annexes.

WIGGINS, B.A., ALEXANDER, M., 1988. « Role of protozoa in microbial acclimation for mineralization of organic chemicals in sewage ». Can. J. Microbiol. Vol. 34. n° 5. pp. 661-666.

WILSON, S.R., WHARGE, J.R., 1986. « Observations on the morphology of an activated sludge plant (Tunbridge wells southern S.T.W.) and the application of microscopic examination to operational control ». Scientific Services. 20 pages.

Fichier préparé par Nicolas Perrier, société 4P
Imprimé pour vous par Libri Plureos GmbH (Allemagne)